装备科技译著出版基金

# 高速越野车辆行驶系统
## ——悬挂、履带、车轮及其动力学

High Speed Off-Road Vehicles
Suspensions, Tracks, Wheels and Dynamics

[英] 布鲁斯·麦克劳林（Bruce Maclaurin） 著
彭志召 冯占宗 高永强 贾进峰 译

国防工业出版社

·北京·

著作权合同登记　　图字：01-2023-0633 号

图书在版编目（CIP）数据

高速越野车辆行驶系统：悬挂、履带、车轮及其动力学 /（英）布鲁斯·麦克劳林著；彭志召等译. — 北京：国防工业出版社，2023.8
书名原文：High Speed Off-Road Vehicles Suspensions, Tracks, Wheels and Dynamics
ISBN 978-7-118-12931-1

Ⅰ. ①高… Ⅱ. ①布… ②彭… Ⅲ. ①越野汽车—行驶系 Ⅳ. ①U469.3

中国国家版本馆 CIP 数据核字（2023）第 165820 号

Translation from the English Language edition:
*High Speed Off-Road Vehicles*: *Suspensions, Tracks, Wheels and Dynamics* by Bruce Maclaurin
ISBN 9781119258780
Copyright ©2018 John Wiley & Sons, Inc.
All Rights Reserved. This translation published under license with the original publisher John Wiley & Sons, Inc.No part of this book may be reproduced in any form without the written Permission of the original copyrights holder.Copies of this book sold without a Wiley sticker on the cover areunauthorized and illegal.
本书中文简体中文字版专有翻译出版权由 John Wiley & Sons, Inc.公司授予国防工业出版社。
未经许可，不得以任何手段和形式复制或抄袭本书内容。
本书封底贴有 Wiley 防伪标签，无标签者不得销售。
版权所有，侵权必究。

※

国防工业出版社 出版发行
（北京市海淀区紫竹院南路 23 号　邮政编码 100048）
三河市腾飞印务有限公司印刷
新华书店经售

＊

开本 710×1000　1/16　印张 15¾　字数 278 千字
2023 年 8 月第 1 版第 1 次印刷　印数 1—1500 册　定价 128.00 元

（本书如有印装错误，我社负责调换）

国防书店：(010)88540777　　书店传真：(010)88540776
发行业务：(010)88540717　　发行传真：(010)88540762

# 译者序

行驶系统对车辆的越野机动性起着决定性的作用，本书就是针对这一内容的专业著作，涉及履带/轮胎、可控悬挂系统、转矩定向分配、限滑差速器、翻车控制等军用越野车辆行驶系统的前沿技术。本著作是约翰·威立国际出版集团 2018 年 7 月出版的汽车系列丛书（Automotive Series）中的第一本，最大的特点是摒弃了常见教材和专著中堆砌公式的做法，注重理论与实践/试验的结合，提供了丰富的试验数据和实物素材。正如作者所述，该著作的出版并非出于学术目的，而是希望书中所展示的方法可以为车辆设计人员提供有价值的参考。丛书主编托马斯·库费斯（Thomas Kurfess）对本书的评价是："本书探讨的主题是独一无二且极具价值"。该书一经发布，即被美国陆军国防信息中心（DTIC）收录，是一本不可多得且极具实用价值的著作。

本书的作者布鲁斯·麦克劳林为英国前国防部长，同时也是军用越野车辆研究领域的专家，本著作的主要内容反映的是作者在英国国防部军用车辆研究所工作期间的研究成果，试验数据和实物素材来自英国军用车辆设计研发部门，对我国军用越野车辆的研发有非常高的参考价值。

译者从事军用越野车辆的教学与科研工作，所阅读的一些国内外相关主题的著作大多注重理论但缺乏实践和试验数据，对新技术、新结构、新方法的跟踪也有所欠缺。本书以作者丰富的任职经历为基础，从非常务实的角度来撰写，对越野车辆行驶系统进行了全面深入的介绍。在阅读过程中，深感此著作的价值，于是与同样在越野车底盘领域耕耘的冯占宗、高永强、贾进峰商议将其进行翻译出版，为促进知识传播尽一份绵薄之力。

译者平时阅读外文文献时只需意会即可，而将其翻译出来则需要不断揣摩与斟酌，并结合专业术语，准确地领会和表达出原作者的意图。由于译者水平有限，翻译过程中对原著难免有理解偏差甚至错误之处，敬请广大读者批评指正。

感谢"装备科技译著出版基金"对本书的资助。张进秋教授、刘西侠教授在翻译过程中提供了指导，国防工业出版社的多位老师提供了协调与稿件审校等工作，在此一并感谢！

译者

2023 年 6 月于北京

# 丛书前言

汽车已是我们社会中不可或缺的一部分,并且与我们日常生活的许多方面都密切相关。在城市的街道和高速公路上,我们每天都能看到各种各样的车辆。当然,在我们的日常生活和特殊的应用领域中,所使用的车辆类型也不同。也许还有一些比较有趣和令人兴奋的应用场合离我们日常生活较远。汽车领域中我们耳熟能详且广为人知的车辆应用是高速车辆,比如赛车、越野车辆(如大型推土设备)。我在这一领域工作了 30 多年,其中的许多年是作为一名教师,我可以证明一个事实:大多数人看到一辆顶级赛车或在赛道上看到这些车辆时会非常兴奋。当靠近或看到运行中的大型推土设备时,情况也是如此。看着推土机毫不费力地将几辆大型轿车一样体积的土方从陡峭的采矿作业区中运送出来,会异常兴奋。当然,将这两个领域融入高速越野车辆,不仅从工程角度来说是非常令人兴奋的,而且也给车辆设计者带来了许多其他汽车行业所没有遇到的独特挑战。

《高速越野车辆行驶系统——悬挂、履带、车轮及其动力学》这本著作对车辆在越野条件下的性能做了出色且深入的回顾,重点关注车辆行驶系统的关键部件,特别对悬挂系统、车轮(负重轮)、轮胎和履带等部件都做了深入研究。这是一本优秀的著作,从车辆发展和分析的角度对越野车辆进行了务实的讨论。书中涉及的一些独特的主题包括铰链式履带和柔性履带、履带车辆的行驶性能以及装甲和非装甲车辆的主动、半主动悬挂系统。本书还提供了基于电子表格的分析方法对这些主题进行模拟分析,从而深入研究履带车辆和轮式车辆的转向、操纵和整体性能。作者将这些分析进一步拓展到车辆在松软地面行驶时的情况,并对车辆的横翻进行了深入研究。本书还对更先进的铰接车辆做了深入研究。

汽车系列丛书的首要目的是为汽车工业领域的研究人员和从业人员,以及汽车工程专业的研究生和高年级本科生等读者对象提供一套实用的专题书籍,而本书很明显是其中独一无二且极具价值的一册。这套丛书针对的是汽车工程领域出现的新技术,以支持下一代车辆运载系统的发展。丛书涵盖的主题广泛,包括设计、建模和制造,并提供相关的信息来源,汽车工程领域的从业人员必定会对此感兴趣并从中受益。

本书是作者在丰富的经历和经验的基础上，从非常实用的角度来撰写的，对越野车辆进行了很好的介绍。同时，也为从事此类设计和分析的人员提供了极具实践价值的参考资料。没有其他类似的著作涵盖了本书所阐述的概念和车辆系统相关的内容。这是一本非常优秀的专著，具有深入浅出的可读性，含有高度凝练的信息量。归根结底，本书涵盖了一个非常令人感兴趣的主题领域，内容独特，是本书在汽车系列丛书中深受欢迎的根本原因。

托马斯·库费斯

2018 年 4 月

# 致 谢

感谢英国国防部对本书大部分工作的赞助；

感谢英国国防工程研究局（Defence Engineering and Research Agency，DERA）的许多同事，特别是罗伯特·格雷（Robert Gray）、罗宾·沃里克（Robin Warwick）、彼得·考克斯（Peter Cox）、纳林德·迪隆（Narinder Dhillon）、马特·威廉姆斯（Matt Williams）对本书作出的贡献；感谢我的侄儿彼得·麦克劳林（Peter Maclaurin），书中的部分曲线图是由他绘制的。

感谢约翰·威立国际出版集团的工作组成员，包括专案编辑埃里克·威尔纳（Eric Willner）和安妮·安（Anne Hunt），项目编辑妮萨娅·瑟钦（Nithya Sechin）和布莱斯·雷古拉斯（Blesy Regulas），出版编辑皮·萨蒂什瓦朗（P. Sathishwaran）以及自由撰稿编辑伊莱恩·罗恩（Elaine Rowan）。

# 引 言

本著作在很大程度上反映的是本人在萨里郡彻特西（Chertsey, Surrey）的英国国防部军用车辆研究所任职期间的研究成果。该研究所虽然在2002年关闭后被拆分为两家单位：奎奈蒂克公司（QinetiQ，一家私人公司）和国防科技实验室（Defence Science and Technology LaboRatory, DSTL）。但是在我任职期间，它与战斗车辆研究发展中心（Fighting Vehicles Research and Development EstablishMent, FVRDE）、军用车辆工程研究所（Military Vehicles Engineering Establishment, MVEE）、英国皇家武器装备研究发展中心（Royal Armaments Research and Development Establishment, RARDE Chertsey）、国防研究局（Defence Research Agency, DRA）以及国防工程研究局（Defence Engineering and Research Agency, DERA）等单位是齐名的。在本书中，该研究所统称为DERA。本书题目中"高速"一词用词不是特别严谨，主要用于区分无悬挂车辆。尽管用于后勤保障的轮式车辆以公路行驶为主，但最常见的军用车辆都是越野型车辆，因此本书中所述的"车辆"很大程度上就是指军用车辆。

本书主要介绍车辆行动系统，也就是悬挂系统、履带、车轮（负重轮）、轮胎以及它们对车辆越野性能的影响。除了履带车辆通过两侧履带速度差实现转向所涉及的机构，本书不对传动系统进行讨论。轮式车辆、后勤保障车辆、装甲车辆所用的发动机一般为升级的商用发动机。由于要满足大功率（可达约1100kW）与结构紧凑的双重要求，主战坦克（Main Battle Tanks, MBTs）要求更加特殊的动力传动装置。除了"艾布拉姆斯"（Abrams）坦克使用的是燃气轮机，军用车辆使用柴油发动机仍然十分普遍。军用履带车辆传动系统特殊的地方在于既需要实现动力的传递，还需要实现转向时所要求的按比例改变两侧履带速度差的功能。这套动力传递及转向比例分配系统在很大程度上仍然变化不大，并且仍然需要横置安装。如第7章所介绍，具备这些功能的电驱动及转向系统目前正处于研发之中。

本书中大量使用微软 Excel 软件的 spreadsheet 进行数据分析，并采用功能非常强大的 Solver 插件完成运动方程解算。尽管 Excel/Solver 的使用有时费时费力，但是一个显著的优点是运动方程是从基本原理的角度来书写的，尤其是对于履带车辆而言，这种方法非常有助于对所研究的系统进行仔细分析和深刻理解。

本书既有对已有技术的介绍，也有对当前系统的分析。本书的出版并非出于学术目的，而是希望书中所展示的方法可以为车辆设计人员提供有价值的参考。

第1章阐述了履带车辆现在及过去使用的悬挂系统，尤其是详细介绍了"挑战者"坦克油气悬挂装置的相关特征和性能。

第2章介绍了车辆履带系统，分为铰链式履带和目前应用越来越多的柔性履带。着重介绍了履带的滚动阻力、铰链式履带的噪声及振动等性能方面的内容。

第3章是履带车辆乘坐舒适性测试方面的内容，包括人体对振动的响应、路面不平度、轴距滤波特性、计算机建模、制动时车体的俯仰动态响应等内容。

第4章是可控悬挂，阐述了主动、半主动悬挂系统的潜在优点，介绍了DERA测试的主动悬挂车辆及其乘坐舒适性。

第5章是装甲及非装甲轮式车辆传动系统与悬挂系统，包括互连式悬挂系统。

第6章是轮式车辆悬挂系统性能测评，包括四分之一车辆悬挂振动模型和ISO2631、BS6841标准件人体对振动的响应加权计算标准。以某后勤保障车辆为例，介绍了乘坐舒适性的测试过程。

第7章是履带车辆和轮式车辆的转向性能。广泛用于描述充气轮胎力滑特性的"魔术"公式在这里用于描述履带滑移模型的力滑特征。阐述了转向响应和差速转向系统功率流分析的结论。用类似的模型对履带车辆滑移转向和轮式车辆"阿克曼"转向进行了比较。分析了转矩定向分配的影响。

第8章分析了轮式车辆和履带车辆在松软地面行驶的力学性能。尤其对于轮式车辆，由于充气轮胎在松软地面上的力学特性难以直接建模，因此这部分内容大多数是基于经验的预测方法。介绍了DERA结合所开发的预测模型，采用单个充气轮胎和履带车辆台架开展现场试验的结果。还介绍了通过试验得到的轮胎在松软黏土中牵引力与滑移的关系。

第9章阐述了限滑差速器对车辆行驶牵引力和转向性能的影响。建立了关系式用于描述不同路面（地面）条件下摩擦限滑差速器对牵引性能的影响，并对自由状态和锁止状态的差速器进行了对比。对转向性能受路面的影响进行了测试。

第10章介绍了之前及当前的（包括正在开展试验的）履带和轮式铰接车辆。对比了履带车辆滑移与拖转所需的牵引力，以及轮式拖挂车辆在硬质和松软地面转向时与"阿克曼"转向车辆转向时所需的牵引力。

第11章分析了翻车的相关因素及关系，并总结了降低翻车风险的一些方法。介绍了一起后勤保障车辆翻车事故的案例。建立了可以用于预估车辆横向稳定角的模型，并与实际测量的车辆侧倾角进行了对比。

作者经过努力，已经向版权所有者争取到了图片在本书中复制使用的许可。如有尚未获得适当许可的内容，在这里表达歉意。在今后印刷出版时，版权所有者可以联系出版方修订发现的错误。

# 目 录

## 第 1 章　履带车辆行驶系统与悬挂系统 ……………………………… 1

### 1.1　总体布置 …………………………………………………… 1
### 1.2　横置扭杆 …………………………………………………… 2
### 1.3　螺旋弹簧 …………………………………………………… 6
### 1.4　油气悬挂 …………………………………………………… 8
　　1.4.1　"挑战者"主战坦克的油气悬挂装置 ……………………… 9
　　1.4.2　"挑战者"坦克油气悬挂装置的特性测试 ………………… 10
　　1.4.3　温度的影响 …………………………………………… 14
　　1.4.4　其他形式的油气悬挂 ………………………………… 18
### 1.5　减振器 ……………………………………………………… 19
　　1.5.1　液压减振器 …………………………………………… 19
　　1.5.2　摩擦片式减振器 ……………………………………… 20
### 参考文献 ……………………………………………………… 22

## 第 2 章　履带 …………………………………………………………… 23

### 2.1　铰链式履带 ………………………………………………… 23
　　2.1.1　单销履带 ……………………………………………… 26
　　2.1.2　双销履带 ……………………………………………… 28
　　2.1.3　履带挂胶、负重轮和履带张紧器 …………………… 31
　　2.1.4　履带载荷 ……………………………………………… 33
　　2.1.5　滚动阻力：分析方法 ………………………………… 35
　　2.1.6　滚动阻力：试验测量 ………………………………… 37
　　2.1.7　噪声和振动 …………………………………………… 42
　　2.1.8　降低噪声和振动的方法 ……………………………… 43
　　2.1.9　降低噪声和振动的实践 ……………………………… 43

## 2.2 柔性履带 ……………………………………………………………………… 48

- 2.2.1 早期柔性履带 …………………………………………………… 48
- 2.2.2 现代柔性履带 …………………………………………………… 49
- 2.2.3 "斯巴达人"装甲输送车的柔性履带原理样车 ……………… 51
- 2.2.4 后期进展 ………………………………………………………… 56

参考文献 ……………………………………………………………………… 56

# 第3章 履带车辆悬挂性能：建模和测试 …………………………… 58

## 3.1 人体对全身振动（Whole-Body Vibration，WBV）和冲击的响应 …………………………………………………………………… 58

- 3.1.1 BS 6841：1987 和 ISO 2631—1（1997）……………………… 58
- 3.1.2 其他与全身振动（WBV）相关的标准 ……………………… 60

## 3.2 地面起伏 ……………………………………………………………… 64

- 3.2.1 特征 ……………………………………………………………… 64
- 3.2.2 DERA 车辆悬挂性能测试路面 ………………………………… 64
- 3.2.3 多轮车辆响应 …………………………………………………… 65
- 3.2.4 四分之一车悬挂模型 …………………………………………… 67
- 3.2.5 计算机建模 ……………………………………………………… 70
- 3.2.6 "挑战者"悬挂试验车的乘坐舒适性试验 …………………… 76
- 3.2.7 制动和加速时的俯仰响应 ……………………………………… 78
- 3.2.8 悬置式诱导轮试验车辆（Sprung Idler Test Vehicle，SITV）… 83

参考文献 ……………………………………………………………………… 85

# 第4章 可控悬挂 ……………………………………………………………… 86

## 4.1 高度和姿态控制 ……………………………………………………… 86

- 4.1.1 履带车辆 ………………………………………………………… 86
- 4.1.2 轮式车辆 ………………………………………………………… 88

## 4.2 主动变阻尼控制（半主动悬挂）……………………………………… 88

- 4.2.1 自适应变阻尼 …………………………………………………… 88

## 4.3 主动悬挂系统 ………………………………………………………… 88

## 4.4 DERA 主动悬挂试验车辆 …………………………………………… 90

- 4.4.1 窄带主动悬挂系统 ……………………………………………… 90

4.4.2　宽带主动悬挂系统 ………………………………………………… 95
4.5　结论 ………………………………………………………………………… 98
参考文献 …………………………………………………………………………… 98

# 第 5 章　轮式车辆传动系统和悬挂 …………………………………………… 99

## 5.1　非装甲车辆 ………………………………………………………………… 100
　　5.1.1　Leyland DAF DROPS 8×6 后勤运输车 ………………………… 100
　　5.1.2　MAN SX 8×8 高机动运输车 …………………………………… 101
　　5.1.3　Pinzgauer 4×4 和 6×6 轻型卡车 ………………………………… 101
　　5.1.4　路虎揽胜（Range Rover）………………………………………… 102
　　5.1.5　阿尔维斯公司的"壮汉"两栖卡车（Alvis Stalwart）…………… 104
　　5.1.6　卡特皮勒（Caterpillar）矿用/自卸卡车 ………………………… 105
　　5.1.7　日立（Enclid，后为 Hitachi）矿用/自卸卡车 ………………… 105
## 5.2　装甲车辆 …………………………………………………………………… 107
　　5.2.1　H 型传动布置 ……………………………………………………… 107
　　5.2.2　I 型传动布置 ……………………………………………………… 109
## 5.3　互连式悬挂 ………………………………………………………………… 112
　　5.3.1　悬挂互联方法 ……………………………………………………… 112
参考文献 …………………………………………………………………………… 117

# 第 6 章　轮式车辆悬挂性能 …………………………………………………… 118

## 6.1　四分之一车悬挂模型 ……………………………………………………… 118
## 6.2　轴距滤波 …………………………………………………………………… 121
## 6.3　DROPS 卡车舒适性测量 ………………………………………………… 123
参考文献 …………………………………………………………………………… 127

# 第 7 章　履带车辆和轮式车辆的转向性能 …………………………………… 128

## 7.1　履带车辆 …………………………………………………………………… 128
　　7.1.1　滑移转向机构 ……………………………………………………… 128
　　7.1.2　滑移转向模型 ……………………………………………………… 131
　　7.1.3　"魔术"公式 ……………………………………………………… 134
　　7.1.4　履带的"魔术"公式参数推导 …………………………………… 135

7.1.5 转向性能模型 ………………………………………………………… 139
7.1.6 模型分析结果 ………………………………………………………… 140
**7.2 轮式车辆滑移转向与阿克曼转向对比** ………………………………… 150
7.2.1 轮胎的力-滑移数据 …………………………………………………… 151
7.2.2 轮胎模型的选择 ……………………………………………………… 152
7.2.3 模型分析结果 ………………………………………………………… 155
7.2.4 阿克曼转向车辆模型 ………………………………………………… 157
7.2.5 模型结果 ……………………………………………………………… 158
7.2.6 转矩定向分配 ………………………………………………………… 159
**附录 A　运动方程** ………………………………………………………… 163
**附录 B　功率流方程** ……………………………………………………… 165
**参考文献** …………………………………………………………………… 166

# 第 8 章　轮式车辆和履带车辆在松软地面的行驶性能 ……………… 168

**8.1 基本要求** ………………………………………………………………… 168
8.1.1 土壤 …………………………………………………………………… 168
8.1.2 基本定义 ……………………………………………………………… 169
8.1.3 土壤-车辆模型 ………………………………………………………… 170
**8.2 软黏性土壤模型** ………………………………………………………… 171
8.2.1 车辆圆锥指数模型 …………………………………………………… 171
8.2.2 WES 机动性数值模型 ……………………………………………… 173
8.2.3 平均最大压力 ………………………………………………………… 174
8.2.4 车辆极限圆锥指数（VLCI） ………………………………………… 174
**8.3 干摩擦土壤模型** ………………………………………………………… 179
8.3.1 轮式车辆的 WES 机动性数值 ……………………………………… 179
8.3.2 DERA 试验 …………………………………………………………… 180
8.3.3 履带车辆 ……………………………………………………………… 183
**8.4 装甲车辆行驶系统的空间效率** ………………………………………… 184
**8.5 轮胎在软黏性土壤中的牵引力-滑移率关系** …………………………… 186
8.5.1 牵引力-滑移率特性描述 ……………………………………………… 187
8.5.2 魔术公式 ……………………………………………………………… 188
8.5.3 修正的魔术公式 ……………………………………………………… 188

参考文献 ·········· 191

# 第9章　自由差速器、锁止差速器、限滑差速器对牵引性能与转向性能的影响 ·········· 193

## 9.1　可锁止差速器与限滑差速器的类型 ·········· 193
### 9.1.1　可锁止差速器 ·········· 193
### 9.1.2　运用制动系统 ·········· 194
### 9.1.3　速度相关型限滑差速器 ·········· 194
### 9.1.4　摩擦型限滑差速器 ·········· 195

## 9.2　摩擦型限滑差速器的关系 ·········· 196

## 9.3　牵引性能 ·········· 198
### 9.3.1　牵引力模型 ·········· 200
### 9.3.2　模型结果 ·········· 200

## 9.4　路面转向性能 ·········· 204
### 9.4.1　转向性能模型 ·········· 204
### 9.4.2　模型结果 ·········· 204

## 参考文献 ·········· 205

# 第10章　铰接车辆 ·········· 206

## 10.1　铰接式履带车辆 ·········· 206
### 10.1.1　滑移转向与铰接转向的牵引力 ·········· 210

## 10.2　铰接式轮式车辆 ·········· 211
### 10.2.1　阿克曼转向、滑移转向与铰接转向的性能 ·········· 213

## 参考文献 ·········· 215

# 第11章　车辆侧翻 ·········· 216

## 11.1　基本考虑 ·········· 216

## 11.2　降低翻车可能性的方法 ·········· 218
### 11.2.1　告警系统 ·········· 218
### 11.2.2　电子稳定系统 ·········· 219
### 11.2.3　主动防倾杆 ·········· 219
### 11.2.4　驾驶员训练 ·········· 219

## 11.3　卡车翻车：案例分析 ·········· 219

  11.3.1 侧翻角计算 ………………………………………………… 220

# 参考文献 ………………………………………………………… 222

# 符号说明 ………………………………………………………… 223

# 名词术语表 ……………………………………………………… 231

# 参考书目 ………………………………………………………… 233

# 第 1 章
# 履带车辆行驶系统与悬挂系统

军用高速履带车辆行驶系统主要包括四个方面的功能：
（1）将驱动力传递至数量相对较多的负重轮。
（2）将车重分布在面积相对较大的地面上。
（3）较大的悬挂行程允许在崎岖地面高速行驶。
（4）军用装甲车辆的特殊要求是，行驶系统占据的空间要最小化，使车体内部空间最大化（如 8.4 节所示，与轮式车辆强调在松软地面上的行驶性能类似，这是履带车辆的一个特殊属性）。

此外，行驶系统还必须具有质量轻、可靠性高、易于维护等特点，并且与车辆的其他部件相比，生产成本要相对较低。

## 1.1 总体布置

图 1.1 是"勇士"（Warrior）步兵战车（Infantry Fighting Vehicle，IFV）的行驶系统，是典型的现代战车行驶系统的布置方案。拖拽式平衡肘的自由端安装外层裹有橡胶的负重轮，转轴端安装在横穿车体底板的扭杆弹簧上。旋转叶片式液力减振器嵌入安装于第一、第二和最后一个负重轮的扭杆枢轴处。铰链式履带围绕主动轮、诱导轮及负重轮周而复始地运行。通过油缸抵紧安装诱导轮的短摆臂调节履带的张紧程度。主动轮可以前置安装，也可以后置安装，取决于动力装置的位置。履带上部由直径较小的拖带轮支撑。履带销轴镶有橡胶衬套，履带板安装有可更换的挂胶，可以尽可能地减小对路面的损坏，并且可以有效降低噪声和振动。

图 1.2 是"豹"2（Leopard 2）主战坦克（Main Battle Tank，MBT）行驶系统的总体布置。旋转摩擦式减振器嵌入安装于前三个和后两个负重轮的扭杆

枢轴处。该型坦克采用橡胶衬套双销履带（见第 2 章）。

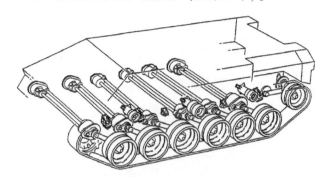

图 1.1 "勇士"步兵战车的行驶系统总体布置
（资料来源：由英国国防部提供）

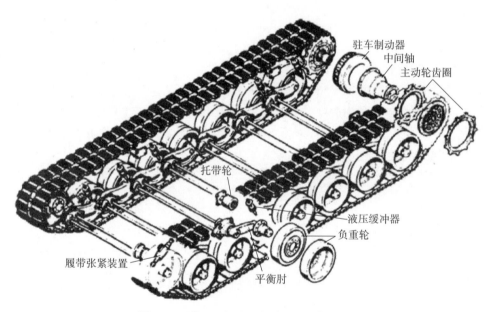

图 1.2 "豹"2 坦克的行驶系统总体布置
（资料来源：由 ATZ 提供）

## 1.2 横置扭杆

采用一定的预制、喷丸和防腐技术制成的现代高强度弹簧钢，标称剪切应力高达 1250MPa，并拥有合理的疲劳寿命[1]。悬挂扭杆只能在一个方向上承载，需要采取一定的预制工艺。预制扭杆时，通过扭转诱导扭杆的外层部分形成负方向的预应力。释放后，外层呈现负方向的剪切应力和扭转，内层呈现正方向的剪切应力和扭转（图1.3）。

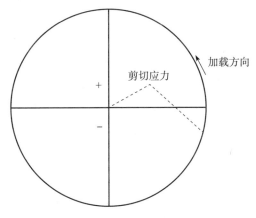

图1.3 扭杆预制的原理

影响扭杆内最大剪切应力的各种因素之间的关系可以通过 Excel 的电子表格来建立。假定一辆概念性的主战坦克（MBT），其簧载质量为 600kN，有效扭杆长度为 2.13m。需要考虑的变量包括平衡肘长度（初始值为 450mm）、负重轮个数（初始值为 12）以及扭杆的刚度。扭杆的刚度可以由悬挂极限压缩时和静载时的轮载比值 $F_B/F_S$（初始值为 3:1）和悬挂行程变化 $\Delta_{SB}$（取值 350mm）来进行推算。由此得到的垂向固有频率约为 1.2Hz，这是主战坦克的典型悬挂固有频率取值。剪切模量 $C$ 取值 76MPa[1]。扭杆直径的取值是开放的。

由此得出最大剪切应力 $q_{max}$ 为 1326MPa，这是由于对疲劳寿命要求过高导致的。将平衡肘的长度增加至 500mm，就增加了扭杆的最大扭矩，同时减小了最大扭转角，最大剪切应力 $q_{max}$ 降至 1258MPa，这是考虑寿命周期后可以接受的结果。测量结果表明，最前面的负重轮几乎总是会遭受最严酷的工况，主要是因为车辆的俯仰运动导致的，这可以通过采取适当的阻尼措施来进行控制。

如果将悬挂设计得更软，比如 $F_B/F_S$ 取值为 2.5，平衡肘长度 $R$ 为 450mm，会将最大剪切应力 $q_{max}$ 增至 1371MPa。如果将悬挂设计得更硬，将负重轮的数量增至 14 个，可以将最大剪切应力 $q_{max}$ 降至 1276MPa。平衡肘长度取 0.5m 时，最大剪切应力 $q_{max}$ 降至 1211MPa。如果将平衡肘的长度进一步增长至 0.55m，若各平衡肘之间不发生干涉的话，最大剪切应力 $q_{max}$ 可以进一步降至 1155MPa。

当然，另一种可能的办法是简单地减小静态载荷，使许用行程增大到 325mm，以平衡肘长度为 500mm、负重轮个数为 14、刚度偏高的悬挂系统为例，得到的最大剪切应力 $q_{max}$ 为 1158MPa。各参数的不同组合结果见表 1.1。

表 1.1　各参数的不同组合结果

| 负重轮数量 $n$ | 平衡肘长度 $R$/m | 许用行程/m | $F_S$/kN | $F_B/F_S$ | 扭杆直径/mm | $q_{max}$/MPa | 质量/kg |
|---|---|---|---|---|---|---|---|
| 12 | 0.45 | 0.350 | 50.00 | 3.000 | 62.0 | 1326 | 603 |
| 12 | 0.50 | 0.350 | 50.00 | 3.000 | 65.8 | 1258 | 677 |
| 12 | 0.45 | 0.350 | 50.00 | 2.500 | 57.7 | 1371 | 522 |
| 14 | 0.45 | 0.350 | 42.86 | 3.000 | 59.7 | 1276 | 651 |
| 14 | 0.50 | 0.350 | 42.86 | 2.500 | 58.9 | 1252 | 633 |
| 14 | 0.50 | 0.350 | 42.86 | 3.000 | 63.3 | 1211 | 731 |
| 14 | 0.55 | 0.350 | 42.86 | 3.000 | 66.6 | 1155 | 811 |
| 14 | 0.50 | 0.325 | 42.86 | 2.786 | 62.9 | 1158 | 722 |
| 12 | 0.50 | 0.325 | 50.00 | 2.786 | 65.3 | 1204 | 668 |

降低最大剪切应力的途径包括采用更长的平衡肘、配置更大的悬挂刚度以及增加负重轮的数量。随着最大剪切应力的减小，扭杆的质量几乎呈线性增加。以上内容针对的仅是扭杆的弹性变形部分，即忽略了端配件。扭杆与端配件通常采用花键连接。

悬挂的许用行程及最大的扭杆应力一般都会受到某种形式的约束，例如采用末端止动装置（缓冲器）限制平衡肘的运动幅度，如图 1.1 所示。然而，在阿尔维斯公司（Alvis）"风暴"式装甲输送车（Stormer）和"蝎"式侦察车（Scorpion）的全部或部分负重轮上没有安装缓冲器，允许负重轮掀起上支履带与车体触碰。这种明显看似粗暴的方法在实践中却表现良好，而且可以减轻质量，减少平衡肘上的扭转载荷。

如果采用与车体宽度等长的扭杆无法获得剪切应力的满意值，可以采用两种方法有效延长扭杆。一种是将扭杆向后折叠，使其长度增加接近一倍。这种布置方案曾用于第二次世界大战（the Second World War，WW2）时的德国"豹"式（Panther）坦克，如图 1.4 所示。该坦克每侧使用 8 个交叉布置的负重轮，既改善了在松软地面上的行驶性能，又减小了负重轮胶层的载荷。除了增加了复杂性，这种布置方案的另一个缺点是泥土和石块可能卡在负重轮之间，尤其在低温下，还可能被冻住，使车辆失去行驶能力。对于当时的作战坦克来说，由于钢材的质量有限，扭杆的最大剪应力仅为 200MPa，设计寿命为 10000km 有些不现实。增加应力水平的途径有：极软的悬挂（俯仰振动频率仅为 0.5Hz）和极短的平衡肘，其中后者是交叉布置负重轮的一个要求。若悬挂许用行程仅为 200mm，可以降低应力水平。

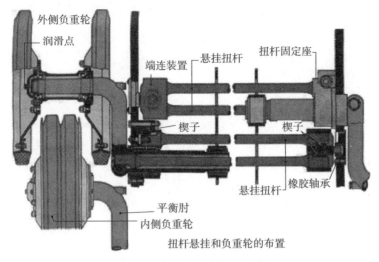

图 1.4 "豹"式坦克的扭杆布置

第二种方法是将扭杆套装在扭管中。但是，扭管本质上比扭杆刚度更大，而且由于需要将它们套装在扭杆外并在端部连接，增大了扭管的直径。图 1.5 是扭杆-扭管布置方案的一些实验工作。扭杆的刚度为 0.204kN·m/(°)，扭管的刚度为 1.89kN·m/(°)，扭管的刚度是扭杆的 9 倍以上。综合刚度为 0.184kN·m/(°)。

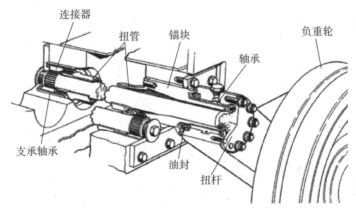

图 1.5 扭管-扭杆布置

（资料来源：由英国国防部提供）

扭管失效扭矩的测量值为 33kN·m，扭杆失效扭矩的测量值为 14kN·m。因此，需要减小扭管的壁厚及刚度，但是管内应力的压缩分量可能会造成扭管的扭曲变形。

如果要求扭杆获得扭杆-扭管的组合刚度，其有效长度需要增大约 11%

(180mm)。在实践中，使用较长的平衡肘或配置更大的悬挂刚度在实践中更可取。

## 1.3 螺旋弹簧

横置扭杆弹簧需要占据车内空间，并且增大车辆的轮廓。通常优选外部安装的悬挂系统，包括使用螺旋弹簧或油气悬挂装置。因为剪切应力在弹簧截面上不对称，在单位质量的能量储备方面，螺旋弹簧比扭杆弹簧的效率低。弹簧曲率导致更高的剪切应变，从而导致弹簧产生侧应力。弹簧必须承受轴向载荷，从而引起弹簧的轴向剪应力。最大剪应力通常用 Wahl 应力修正系数[1]来计算。弹簧预制过程中通常采用喷丸工艺进行表面强化。螺旋弹簧的一个优点是弹簧失效后通常仍然可以承受载荷。螺旋弹簧可以同轴嵌套以提高空间利用率。弹簧变形时，中心线应保持直线，以避免弹簧弯曲所引起的其他应力。

履带车辆悬挂系统中已有多种使用螺旋弹簧的布置方案。图 1.6 是在第二次世界大战中使用的英国"克伦威尔"（Cromwell）巡洋坦克的悬挂系统。平衡肘延伸的曲柄与装有螺旋弹簧的缸筒铰接，缸筒与穿过弹簧并铰接至车体的拉杆作用于弹簧两端使弹簧压缩，从而使弹簧在张力作用下工作。弹簧的直径很小，可以尽可能少占用车体空间。然而，这造成了弹簧具有较高的 Wahl 应力修正系数①。在第 1、2、4、5 负重轮的悬挂上安装了筒式减振器。悬挂压缩行程 226mm，拉伸行程 190mm。该悬挂相对较软，垂向固有频率约为 1Hz。

---

① 弹簧受到轴向力、剪切、扭矩、弯矩等作用，是一个复杂受力状态，但起主要作用的为扭矩，因此 Wahl 以钢丝受纯扭矩的形式推导出扭切应力的计算式，对于其他作用载荷产生的影响，以修正系数 $K$ 的方式引入到公式内，形成了当前通用的弹簧钢丝切应力近似计算公式：

$$\tau = K \frac{8FD}{\pi d^3}$$

式中：$F$ 为弹簧的轴向载荷；$D$ 为弹簧中径；$d$ 为弹簧钢丝直径；$K$ 为修正系数，Wahl 给出的修正系数为

$$K = \frac{4C-1}{4C-4} + \frac{0.615}{C}$$

其中：$C$ 为旋绕比（弹簧指数），计算公式为：$C=D/d$（$D$ 表示弹簧中径，$d$ 表示弹簧钢丝直径）。为了使弹簧本身较为稳定，不致颤动和过软，$C$ 值不能太大；但为避免卷绕时弹簧丝受到强烈弯曲，$C$ 值不应过小。通常 $C \approx 5 \sim 8$，极限状态不小于 4 或超过 16。——译者

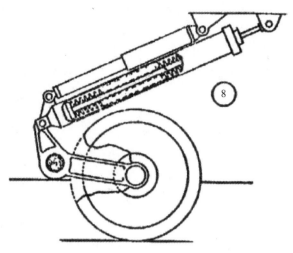

图 1.6　英国 "克伦威尔"（Cromwell）巡洋坦克悬挂装置
（资料来源：由英国国防部提供）

图 1.7 是 "百夫长"（Centurion）和 "酋长"（Chieftain）主战坦克上使用的悬挂布置方案，通常称为霍斯特曼悬挂（Horstman bogie）。螺旋弹簧组件通过曲柄杠杆和轴承在前轮臂和后轮臂之间工作，从而使两个负重轮的载荷几乎相等。该对负重轮也可以绕铰接轴整体偏转而不压缩弹簧。弹簧组件由三个嵌套的螺旋弹簧组成。最里面的弹簧起缓冲器的作用，当两个车轮向上跳动时，限制了两个车轮的最大平均行程仅为 86mm。尤其是阻尼配置水平较低的车辆在长波路面俯仰振动或接近共振时，会严重限制悬挂的性能。当曲柄杠杆铰接

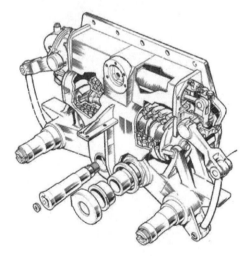

图 1.7　"酋长" 坦克的悬挂装置
（资料来源：由英国国防部提供）

转动时,一个负重轮的最大压缩行程可增加到158mm,此时另一个负重轮处于静载位置,弹簧组被完全压缩。这对于通过较大的短波障碍物(如石块和树干)是非常有用的。弹簧的最大剪应力约为1000MPa。安装的筒式减振器的阻尼力较小。整个悬挂组件的质量为777kg,其中螺旋弹簧组件为137.4kg。六个悬挂装置约占整车质量的9%,质量占比相对较高,并且悬挂性能还非常有限。相比之下,"挑战者"2(challenger 2)的悬挂约占整车质量的5.5%,而且悬挂性能要好得多。

英国"哈立德"(Khalid)主战坦克的悬挂做了较大幅度的改进。最大平均双压缩行程增加到180mm,单负重轮压缩行程增加到241mm。弹簧组的质量增加到898kg,其中弹簧组的质量为162kg。

以色列"梅卡瓦"(Merkava)(Mk4)主战坦克采用拖拽式平衡肘和单个螺旋弹簧装置(图1.8)。前两个和后两个负重轮处的悬挂安装有液压旋转阻尼器。负重轮压缩行程为300mm,拉伸行程为304mm。较大的静挠度意味着该悬挂的刚度配置较软,具有较好的冲击隔离能力。该悬挂还安装了长行程的液压缓冲器,与"豹"2(Leopard 2)坦克类似。

图1.8 "梅卡瓦"MK4坦克的悬挂装置
(资料来源:由MANTAK提供)

## 1.4 油气悬挂

油气(也称液气)悬挂,正如其名称所示,使用一定体积的气体作为弹性介质，由活塞和油室挤压气室形成弹簧的功能。所采用的气体通常是氮气，一般由浮动活塞或橡胶隔膜与油液隔离。也有一些油气悬挂装置在油与气之间没有隔离活塞或隔膜，这种结构方案与大多数飞机起落架上使用的装置类似[2]。

### 1.4.1 "挑战者"主战坦克的油气悬挂装置

"挑战者"1 和 "挑战者"2 坦克上的油气悬挂装置是由英国军用车辆工程设计院（Military Vehicles and Engineering Establishment，MVEE）设计和研发的。在 MVEE 试验室的液压作动器（出力 300kN，行程 0.5m）上进行了几百个小时的测试。作动器实时输入的位移及运行周期是以实际车辆在严酷的越野道路行驶时测试的数据和计算机模拟研究的结果为依据的。该悬挂装置的一个特定要求是开发一套密封系统并对缸体内壁表面进行处理，才使该装置能够在大约 2000km 的运行时间内不发生故障。为了模拟考验这一要求，需实施 250h 的试验。油气悬挂装置自 1983 年以来就在"挑战者"主战坦克上安装使用。

图 1.9 是该油气悬挂装置的剖面图。摆臂安装在由滑动轴承支撑的中心轴上，并通过曲柄和连杆驱动压力活塞。连杆的曲柄端也使用了滑动轴承，在活塞端使用了刃形轴承（knife-edge bearing）。油室和气室同轴，并由轻合金制成的浮动活塞分隔。在压力活塞和浮动活塞之间安装了一个小型的盘形弹性阻尼阀。主枢轴轴承座是钢铸件，油缸由锻造钢制成，油缸通过螺纹安装在轴承座上。气室同样是锻钢缸体，通过螺纹拧在油缸上。缸体中的静态气压为 12.8MPa。

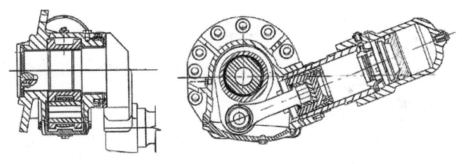

图 1.9 "挑战者"油气悬挂装置
(资料来源：由英国国防部提供)

所有负重轮的悬挂装置都没有安装缓冲器，在后面将会讨论（见第 1.4.2.6 节），"挑战者"坦克的悬挂阻尼配置较大，从而减小了悬挂的最大行程。该悬挂还具有急剧上升的弹簧刚度特性，起到了缓冲器的止动作用。这种悬挂装置性能非常稳健，能够承受一定的冲击力。但是，如果该装置过载（压力过高），在油缸和气室之间的螺纹处有可能会出现泄漏。每个悬挂装置的质量为287kg。

### 1.4.2 "挑战者"坦克油气悬挂装置的特性测试

#### 1.4.2.1 刚度特性

作为研究项目的一部分，对"挑战者"坦克油气悬挂装置的刚度特性和阻尼特性进行了一系列的实验室测试。测试装置的激励为正弦位移信号，频率范围为0.001~2.0Hz，振幅为±175mm和±200mm。对有减振器和无减振器两种情况分别进行测试。

图1.10是频率为0.8Hz，位移从-50mm至+350mm时测量的力/位移特性。多方指数的计算值为1.66，与图1.11[3]中所示的测量值完全一致。图1.12是在0.001~1.0Hz频率范围内由测量的力/位移特性得出的多方指数，表明该指数在低至约0.04Hz的频率范围内基本保持恒定值1.66。频率为0.01Hz时，多方指数降为1.37。即使频率为0.001Hz，即完整的循环周期接近17min，该过程也不是恒温的，多方指数为1.15。这意味着在正常工作频率范围内，悬挂在近似绝热条件下运行时，多方指数为1.66。通过测量气室内的压强，得到的多方指数略高，为1.69。

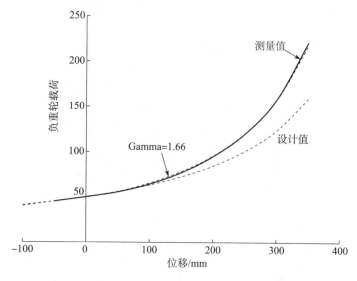

图1.10  0.8Hz的"挑战者"坦克的悬挂特性测量结果、拟合曲线和典型设计曲线

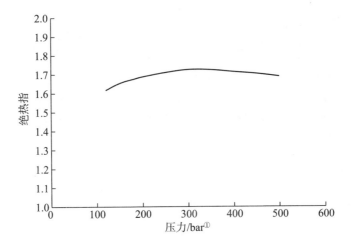

图1.11 氮气在不同压强下的绝热比
(资料来源：DIN，1961年[3]。经巴特沃斯（Butterworths）允许复制)

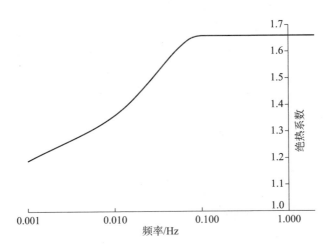

图1.12 不同频率下绝热系数的测量值

### 1.4.2.2 阻尼特性

油气悬挂装置的阻尼特性可以从三个方面进行测量：
（1）阻尼阀两端的压差。
（2）悬挂装置负重轮处的力/位移环图（示功图）。
（3）将减振器组件置于合适的试验台上进行测试。

---

① 1bar=100kPa。

#### 1.4.2.3　阻尼阀压差

图 1.13 是在幅度为 350mm、频率为 0.9Hz 时，由测量的阻尼阀压差得到的负重轮处的载荷。曲线出现迟滞的原因可归结为液压流体的可压缩性、浮动活塞的摩擦和惯性。曲线表现出近似线性关系，变化率为 120kN $(m/s)^{-1}$。在负重轮载荷接近 40kN 时，悬挂装置开始泄压，负重轮跳动速度达到 1m/s 时，载荷达到 50kN。在拉伸行程，极限力大约为 30kN。需要重点说明的是，拉伸行程的阻尼约束小于负重轮的静载，于是负重轮就不会"悬空"，尤其是靠近车首的负重轮。

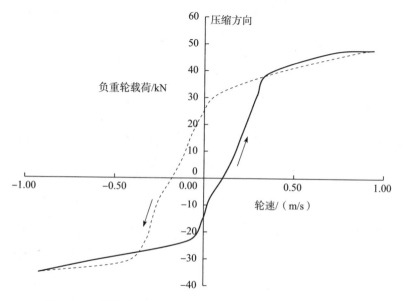

图 1.13　"挑战者"坦克悬挂装置减振器的阻尼力-速度特性

#### 1.4.2.4　力/位移环图

由力/位移环图得到的阻尼力包含了悬挂装置的滑动摩擦力，测量值约为 ±0.045 倍负重轮载荷。实际上，由力/位移环图得到的阻尼率太高。负重轮跳动速度为 1m/s 时，在悬挂压缩方向的最大阻尼力是 50kN，在拉伸方向的最大阻尼力是 -40kN。

#### 1.4.2.5　液压试验台

将阻尼阀安装在可控制流量的液压试验台上，可以测量阻尼阀的压差与流量的关系，图 1.14 是测量结果。由于阻尼系数是由简单的节流孔控制的，表现出近似的平方律特性。等效的线性变化率约为 220kN(m/s)$^{-1}$，比悬挂装置作动器试验台上测量的压差得到的线性变化率值大得多。悬挂装置在压缩方向的阻尼力达到约 50kN 时开始泄压，而在拉伸方向的阻尼力达到约 -40kN 时开始泄压。

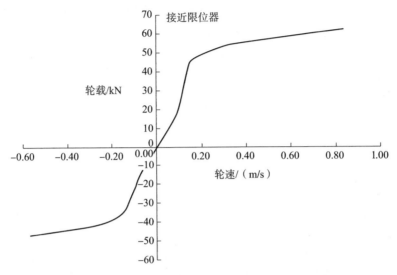

图 1.14 "挑战者"坦克悬挂装置的阻尼特性台架试验结果

由于履带车辆负重轮上的实心橡胶层比较坚硬，当负重轮在车辆高速行驶的情况下与较大的障碍物发生碰撞时，负重轮的上跳速度测量值可高达 10m/s。因此，对于悬挂系统来说，至关重要的一点是，减振器的阻尼阀在高流速时不能产生过高的压力。液压台架试验表明，在负重轮的跳动速度为 10m/s 时，负重轮上的载荷仅上升到约 80kN。

总的结论是，"挑战者"坦克悬挂装置的阻尼系数为 120~220kN(m/s)$^{-1}$，压缩行程在 50kN 左右开始泄压，拉伸行程在 -40kN 左右开始泄压。

#### 1.4.2.6 多轮车辆的悬挂阻尼

考虑一个轮距相等、每个车轮阻尼系数为 $C_w$(kN(m/s)$^{-1}$) 的单侧六轮车辆。"挑战者"坦克的轮距为 1.0m，俯仰阻尼系数 $C_p$(kN·m(rad/s)$^{-1}$) 定义为

$$C_p = 2 \times 2 \times C_w \times l^2 (0.5^2 + 0.3^2 + 0.1^2) = 32.26 C_w \tag{1.1}$$

临界俯仰阻尼系数 $C_{pc}$：

$$C_{pc} = 2 I_p \omega_{pn} \tag{1.2}$$

式中：$I_p$ 是俯仰转动惯量，单位为 (kg·m$^2$)；$\omega_{pn}$ 是俯仰固有频率，单位为

(rad/s)。转动惯量可以采用复合半径法进行测量，如果已采用计算机辅助设计（CAD）方法设计了整车，也可以计算出转动惯量。但是，如果这些方法涉及的参数信息无法获得，可以将车辆视为一个均匀的矩形（长度×高度）并乘以一个系数（通常取为1.15）以考虑车辆两端的大质量（正面装甲和动力组件）。因此，对于"挑战者"坦克来说，俯仰转动惯量 $I_p$ 为

$$I_p = \left(\frac{8.3^2 + 2.5^2}{12}\right) \times 61000 \times 1.15 = 439256 \qquad (1.3)$$

俯仰固有频率测量值约为 1.0Hz，因此得到 $C_{pc} = 2 \times 439256 \times 2\pi = 5520 \times 10^3 \text{kN} \cdot \text{m}(\text{rad/s})^{-1}$，每个负重轮的临界阻尼系数 $C_{wc} = (5520 \times 10^3)/35 = 158 \text{kN}(\text{m/s})^{-1}$。

相比之下，实测的阻尼系数为 $120 \sim 220 \text{kN}(\text{m/s})^{-1}$，这意味着"挑战者"坦克的悬挂阻尼非常大，处于临界阻尼值附近。这将在第3章的实车悬挂性能测试中得到证实。

### 1.4.3 温度的影响

油气悬挂的悬挂高度对环境温度的变化很敏感，也对阻尼器耗能引起的温度升高很敏感，因为前部的悬挂装置行程更大，因此受温度的影响也更大。后部悬挂装置还可能受到来自动力装置热发散的影响。

为了计算温度对"挑战者"坦克悬挂装置的影响，假定在20℃下工作时，悬挂高度处于标准位置，拉伸行程限制为100mm。如果忽略履带张力的影响，50℃时的悬挂高度增加了59mm，则可用的拉伸行程减小至41mm；在-30℃时，悬挂高度降低了近100mm。在实际情况中，履带的张紧程度对悬挂高度的变化有很大的影响。

图1.15是履带系统的简化模型。所有悬挂装置合并作为一个"超级"装置。通过将履带张力的垂直分量与悬挂力相等来计算悬挂位移。这与履带的线性弹性、接近角和离去角，以及受温度影响的悬挂挠度有关。"挑战者"坦克双节距履带单位长度的线性刚度测量值为17280kN/m。履带长度方向的刚度与其基本刚度成反比。当履带长度为7.68m，接近角和离去角为30°时，在主动轮和诱导轮上的有效垂向刚度为562.5kN/m。

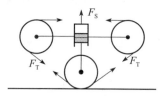

图1.15 油气悬挂与履带张紧力之间的关系示意图

图 1.16 是"挑战者"坦克在有履带和无履带时的悬挂高度变化。在 -30℃ 时，没有安装履带的悬挂高度降低了近 100mm，而安装履带后，悬挂高度仅降低了 32mm。在 50℃ 时，安装了履带的悬挂高度增加了 18mm，没有安装履带的悬挂高度增加了 59mm。履带张力的正常值为 50kN，在 -30℃ 时减小至 14kN。当车辆开始行驶后，阻尼器耗散能量会使悬挂装置加热升温，但仍需要张紧履带以防止主动轮跳齿。如果需要将悬挂恢复到正常的高度，一种可能的方法是采用与某些雪铁龙车辆类似的方式改变悬挂装置里的油量。然而，这种系统不适合于"挑战者"油气悬挂装置。在高温下，如果从悬挂装置中抽出油液使其恢复正常的高度，那么浮动活塞就有可能接触阻尼阀并降低油缸的压力。在 -20℃ 下，静载时的气体体积由 2.241L 降至 1.935L。如果在悬挂装置中注入油液使其恢复至正常高度，则在位移行程为 350mm 时的压力将增加到 106.5MPa，而在 20℃ 下为 56.8MPa。

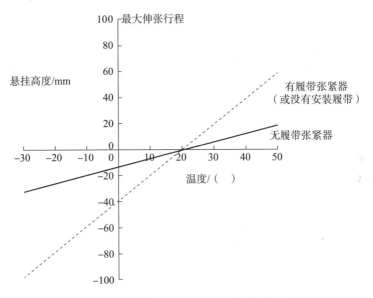

图 1.16 温度对油气悬挂高度的影响

如果车辆安装了补偿式诱导轮（图 3.27），在没有安装履带的情况下，悬挂系统会随温度变化做出自动调整。

结论是：要使悬挂高度恢复到正常状态，必须将悬挂装置内的气体体积恢复到 20℃ 时的值，这通常要求在车间按作业程序进行。采用两级悬挂装置或反向弹簧悬挂装置是降低温度敏感性和提高静载刚度的两种方法。

#### 1.4.3.1 两级式悬挂

除了上述的温度影响，大行程单级油气悬挂装置的另一个缺点是在静载位置附近的刚度相对较低，当加速、制动，或在陡坡上行驶时，可能导致车体出现较大的俯仰振动。如图 1.17 所示，使用两级式悬挂可以大大降低这些影响。在静载位置附近使用较小的气室体积来增大刚度。随着位移的增大，第二个气室参与工作。采用电子表格对两级式气体弹簧的刚度特性曲线进行分析。图 1.18 显示了 50kN 静载时悬挂装置的负载/挠度曲线。曲线也表明这种悬挂方案的另一个好处，第二阶段具有非常软的悬挂刚度特性，在 154kN 的峰值载荷下，挠度为 350mm，油缸内的压强为 39.6MPa；而标准悬挂装置的峰值载荷为 218kN，油缸内的压强达到 56.3MPa。标准悬挂装置在静载位置的刚度为 144kN/m，而两级式悬挂装置在静载位置的刚度为 380kN/m，达到了 2.64 倍。

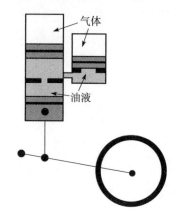

图 1.17　两级式油气悬挂装置示意图

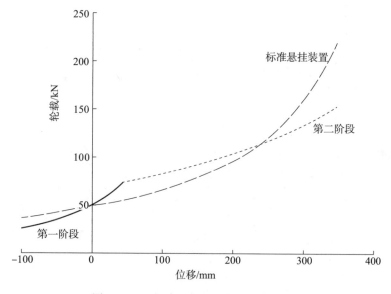

图 1.18　两级式油气悬挂载荷/挠度特性

温度为 -30℃ 时，悬挂高度会降低 32mm，履带的静载张紧力会降为 25kN，是正常值的一半；温度为 50℃ 时，悬挂高度会升高 18mm，履带的静载张紧力增加至 64kN。

### 1.4.3.2 反向弹簧悬挂装置

另一种提高悬挂装置静载位置附近刚度的方法是使用反向弹簧，反向弹簧的作用与油气弹簧相反。反向弹簧可以是小金属弹簧或小油气装置，如图 1.19 所示。同样可以使用简单的电子表格来进行分析评估。图 1.20 是油气反向弹簧装置的刚度特性。在静载位置的刚度为 320kN/m，是标准悬挂装置的 2.2 倍。该系统可以更方便地将主弹簧和反向弹簧布置在活塞两侧形成双作用伸缩结构。

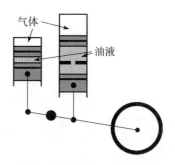

图 1.19 带有反向弹簧的油气悬挂装置示意图

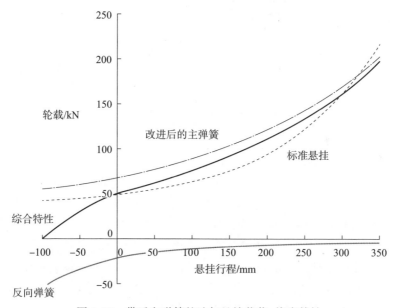

图 1.20 带反向弹簧的油气悬挂载荷-挠度特性

## 1.4.4 其他形式的油气悬挂

### 1.4.4.1 双筒结构

"挑战者"坦克的车体侧面设计成锥体状,以降低地雷的毁伤。然而,许多装甲车辆的车体侧面都是垂直的,以使车内体积最大化。这限制了在外部安装悬挂装置的空间。图 1.21 是安装在"勒克莱尔"(Leclerc)主战坦克上的悬挂装置。该悬挂装置有两个相对布置的缸体,使得该装置的活塞运动空间更窄。该悬挂装置的其他特点包括使用橡胶隔膜来隔离油液和氮气,以及使用散热管来帮助耗散来自阻尼阀的热量。每个悬挂装置的质量约为 250kg。

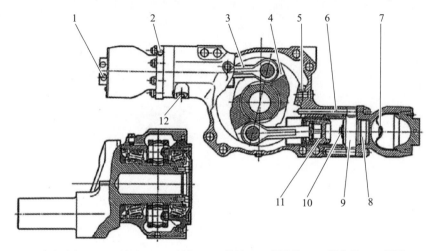

1—氮气充气口;2—放油口;3—连杆;4—曲轴;5—限位块;6—散热管;7—隔膜;
8—限压装置;9—散热腔;10—校准孔;11—活塞;12—注油口。

图 1.21 "勒克莱尔"(Leclerc)主战坦克的双活塞悬挂装置
(资料来源:由法国奈克斯特系统(Nexter Systems)公司提供)

### 1.4.4.2 肘内式悬挂装置

采用肘内式布置方案,悬挂装置可以更加节省安装空间。图 1.22 是一种针对"挑战者"坦克设计的悬挂布置方案,平衡肘经过了改装,安装在车体上,负重轮及轮轴安装在改装后的油/气缸体上。

美国生产的肘内式悬挂装置在两个方面很有趣:①不使用浮动活塞隔离油液和气体(使用浮动活塞的优点是便于维修,因为只需要将适量的油液和气体注入装置之中即可,操作较为容易);②采用阻尼力可调的摩擦式减振器。减振器是一个通过液压加载的多片式摩擦制动器,安装在悬挂装置的主枢轴上。减振器阻尼力的调控液压是悬挂运动时带动凸轮驱动一个小活塞产生的。油液通过一个小孔产生与悬挂相对运动速度相关的阻尼特性，并用一个减压阀限制阻尼力的大小。减振器的安装位置有助于将热量传递至车体上。但是，个人认为该悬挂装置不会量产使用。韩国 K2 主战坦克安装了肘内式油气悬挂装置。

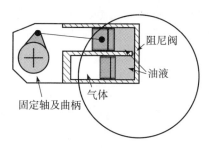

图 1.22　肘内式悬挂装置示意图

肘内式悬挂装置的一种替代方案是使用安装在平衡肘上方的伸缩式气体或液体弹簧装置，安装空间同样非常小，如图 1.23 所示，与图 4.4 所示的布置方案类似。液体弹簧将在第 4 章进行介绍。

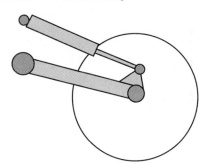

图 1.23　带有外部气体或液体弹簧支撑柱的悬挂装置

## 1.5　减振器

### 1.5.1　液压减振器

大多数履带车辆都会使用某种形式的液压减振器，采用的方案一般包括：①伸缩式减振器（筒式减振器）；②基于杠杆作用的反向活塞式减振器；③旋转叶片式减振器；④内置油气悬挂装置。

在 M113 装甲输送车和布拉德利步兵战车（Bradley IFV）上安装的是筒式减振器。虽然制造和安装相对简单，但是车辆在恶劣的越野地形上行驶时，减振器耗散热量较为困难，通常需要使用特殊的耐高温液压流体。

阿尔维斯公司"风暴式"（Stormer）装甲输送车上安装的是基于杠杆作用的反向活塞式减振器，它们安装在车体上，具有良好的散热性能。

旋转叶片式减振器可以基于杠杆进行工作或内置安装在平衡肘枢轴上，如在"艾布拉姆斯"（Abrams）主战坦克和"勇士"步兵战车上。图 1.24 显示了在"勇士"步兵战车上所使用的"霍斯特曼"（Horstman）悬挂装置的横截面。由于安装在平衡肘枢轴上，该减振器具有良好的散热性能。

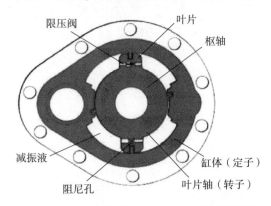

图 1.24 "勇士"步兵战车的旋转叶片式减振器横截面
（资料来源：霍斯特曼防务系统公司）

## 1.5.2 摩擦片式减振器

"豹" 2（Leopard 2）主战坦克采用摩擦片式减振器和液压缓冲器，如图 1.25 所示。摩擦片式减振器的一个问题是，如果使用较高的摩擦值，例如与静态轮载相当的值，则需要在拉伸方向使用较低的摩擦力，以防止负重轮"悬空"。此外，履带节缝引起的振动会增加，尤其是在平整路面上行驶时较为明显。如图 1.26 所示，"豹" 2 坦克上的摩擦片式减振器的阻尼力随着悬挂行程的增大而逐渐增大。负重轮在静载位置的摩擦力为 6kN，约是负重轮静载的 0.13 倍，而悬挂行程增大至最大值时，摩擦力呈线性增大至 26kN，约为负重轮静载的 0.6 倍。液压缓冲器在悬挂压缩行程的最后 130mm 才发挥作用，在 3m/s 时，最大能产生约 180kN 的力，是负重轮静载的 4 倍。相比之下，"挑战者" 2 主战坦克的极限（液压）阻尼力约为 50kN，即负重轮静载，但它可以在从拉伸极限到压缩极限的整个 450mm 悬挂行程中都发挥作用。

图 1.26 描述了"豹" 2 坦克的悬挂特性。但这是针对整车的，即 14 根扭杆、10 个减振器和缓冲器，因此有些难以理解。只有详细的计算机模型或对确定的剖面进行实验测量，才能显示各组件的不同组合是如何工作的。

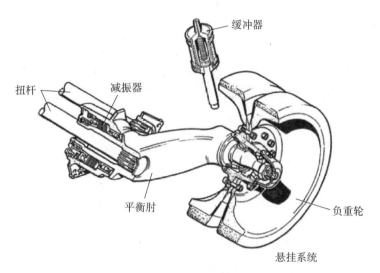

图 1.25 "豹"2 坦克的悬挂系统
（资料来源：由 ATZ 提供）

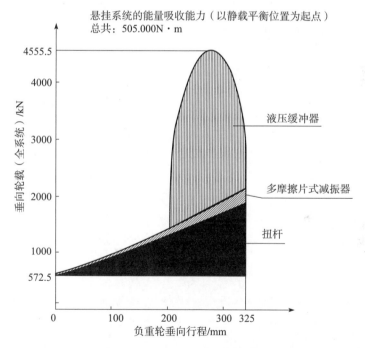

图 1.26 "豹"2 坦克的悬挂减振特性
（资料来源：由 ATZ 提供）

# 参考文献

[1] Society of Automotive Engineers (1996). Spring Design Manual AE-21, 2nd edition. Society of Automotive Engineers.
[2] Conway, H. G. (1958). Landing Gear Design. Chapman & Hall.
[3] Din, F. (1961). Thermodynamic Functions of Gases. Butterworths.

# 第 2 章

# 履 带

履带的使用主要有两个原因：

（1）传递牵引力和制动力，并与负重轮的垂向载荷相关联。履带也传递来自转向系统的速度差、牵引力和制动力，以实现"滑转"功能。制动和转向功能使履带成为关重件。对于高速越野车辆，履带在悬挂运动的两个方向上必须都是柔性的。

（2）将车辆的质量分布在尽可能大的有效面积上，以提供良好的松软地面行驶性能。将在第 8 章讨论车辆在松软地面上的行驶性能。

高速越野车辆的履带可大致分为铰链式履带（第 2.1 节）和柔性橡胶（或带式）履带（第 2.2 节）；铰链式履带应用最为广泛，尤其是对于重型车辆。

## 2.1 铰链式履带

铰链式履带可大致分为单销履带或双销履带。

单销履带。单销履带的每块履带板使用一根履带销与相邻的履带板共享连接（图 2.1）。对于轻型车辆，履带板销耳通常为 2 个或 3 个，对于重型车辆，履带板销耳通常为 4 个或 5 个（图 2.1）。较多的销耳可以减少销轴（履带销）上的剪力和弯矩。单销履带可进一步分类为干销式履带（图 2.1）或橡胶衬套式履带（图 2.2）。

双销履带。双销履带的每块履带板有两根销轴，相邻的履带板由端连器连接（图 2.3），有时也称为端连器履带。双销履带几乎都是橡皮衬套式的。

履带的基本尺寸主要取决于车辆的大小，部分取决于车辆的用途。履带的宽度是松软地面行驶性能和车体内部体积之间的折中。将地面附着面积（2×履带宽度×履带接地长度）作为松软地面行驶性能的度量值。装甲车辆的总宽度通常限制在 3.5m 以内，以适应北约国家的铁路轨距。通常，履带中心距（和轮距）与车辆宽度大致成正比。

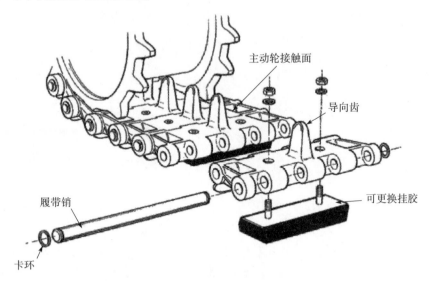

图 2.1　干式单销履带

（资料来源：由英国国防部提供）

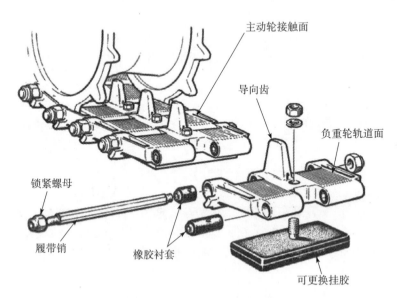

图 2.2　橡胶衬套式单销履带

（资料来源：由英国国防部提供）

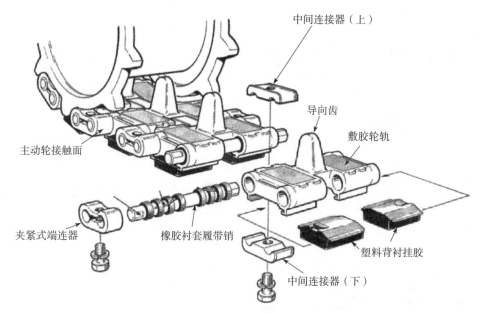

图 2.3 有三个连接器的橡胶衬套式双销履带
（资料来源：由英国国防部提供）

从一系列装甲车辆的数据来看，车辆质量与（地面接触面积）$^{1.5}$ 大致成正比，如图 2.4 所示，而地面接触面积随着 $l^2$ 成比例增加，因此车辆质量随着 $l^3$ 成比例增加，其中 $l$ 是车宽。这意味着，对于大型车辆，如主战坦克，不可能像小型车辆那样具有良好的松软地面行驶性能，除非履带足够宽，但这显然不现实。

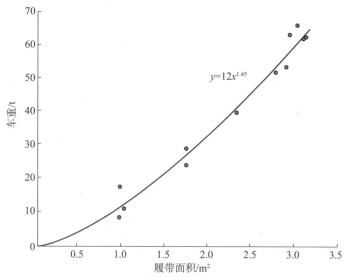

图 2.4 地面接触面积与车辆质量的关系

履带节距的选择也需要折中考虑。较长的节距意味着履带可以更轻，因为履带的质量往往集中在履带板的铰接处（销耳、销轴及衬套、端连器）。长节距履带在松软地面的行驶性能也会略有改善。然而，由于主动轮、诱导轮和负重轮的周期性激励作用，衬套的铰接角也会增大，从而会引起噪声和振动的增大。

### 2.1.1 单销履带

尽管大多数单销履带都是干销式或橡胶衬套式，但销轴装有低摩擦轴承的履带已有使用。例如，德国在第二次世界大战中使用的履带式 ZgKW 运兵车装备了带滚针轴承的履带。图 2.5 是该车辆的底盘布局和履带。图 2.6 是履带板的横截面。多个销轴轴承的密封显然是关键所在，尚无资料表明该履带的实际应用效果如何。

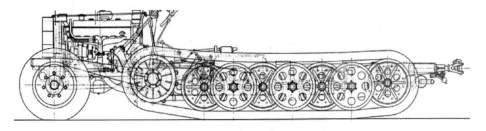

图 2.5　7t 型 3/4 履带多用途运载车 ZgKW

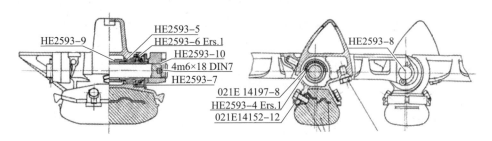

图 2.6　多用途运载车 ZgKW 的履带板

#### 2.1.1.1　干销履带

大多数现代车辆的履带使用圆柱形橡胶衬套以实现履带板之间的铰接。但是，在"挑战者"1（Challenger 1）坦克、"哈立德"（Khalid）坦克和"梅卡瓦"（Merkava）坦克上使用的是干销履带。在潮湿的沙质土中，干销履带磨损较快，因此需要减去若干块履带板并绷紧以保持履带张力。这不仅是费时费力的事情，而且还会导致与主动轮的不匹配，甚至可能出现"跳齿"现象，除非可以换装节圆直径更大的主动轮。

如果车辆正常行驶于干燥路面，土壤颗粒趋于更规则的球形，那么履带的寿命就会足够长，履带失效的形式就会以疲劳裂纹为主。干销履带比橡胶衬套履带更便宜，通常较为耐用，并且允许更大的铰接角。图 2.1 是在"挑战者"1 坦克、"哈立德"坦克上使用的干销履带，可以用螺栓安装可更换的挂胶。履带板通常用锰钢制成，具有较好的硬化加工性能，有助于减少磨损。典型成分为 1.0%碳和 11.0%锰。

### 2.1.1.2 橡胶衬套履带

橡胶衬套履带可以是单销或双销结构。图 2.2 是 FV 432 装甲输送车上使用的橡胶衬套式单销履带。衬套用六角孔模压在套筒上。六角销连接并在相邻销轴衬套上旋转。衬套在润滑剂辅助下被压入履带板销耳。衬套的压入必须足以防止衬套在销耳孔内旋转，并且当履带处于全张紧状态时不能出现间隙，否则污物会进入衬套并降低其使用寿命。

衬套上的法向支撑应力 $f_b$ 定义为

$$f_b = \frac{F_{\max}}{A_b} \tag{2.1}$$

式中：$F_{\max}$ 通常取为标称值 $0.4W_v$，其中 $W_v$ 是车辆总质量；$A_b$ 是衬套的总投影面积。虽然衬套在支撑应力高达 20MPa 时仍可以使用，但在 16MPa 左右的承压值下可以获得更加良好的使用寿命。

对于如图 2.2 所示的 3-2 型销耳履带板，为保持通用化，中间三个销耳（两销耳端两个加上三销耳端的中间销耳）通常具有相同的长度。三销耳端的端部销耳通常比中间销耳的一半稍长，也就是说，三销耳端的衬套长度之和大于两销耳端的衬套长度之和。这是因为径向刚度不是简单的与衬套的长度成比例，而是随着衬套变短，径向刚度会减小更多。如果端部衬套刚度不够，它们将无法承载按比例分布的载荷，则会增加中间销耳的载荷。

当履带绕过主动轮时，履带板之间的铰接角度为 360°/轮齿数（以°为单位）。主动轮的轮齿数量通常为 12 个，得到履带板之间的铰接角度为 30°，衬套的剪切角是其一半。如果车辆在平坦的道路上行驶，则履带板之间的最大铰接角度将限制在 30°。这意味着履带板在装配时可以预置为 15°，从而履带板之间的铰接角度为±15°，衬套剪切角为±7.5°。

衬套上的剪切应变是比例函数：$K_b = D/d$，其中 $D$ 是履带板销耳的直径，$d$ 是履带衬套的内孔直径（或双销履带的履带销直径）。因此，衬套的剪切应变关系为

$$\varepsilon_s = \frac{\varphi K_b}{K_b - 1} \tag{2.2}$$

式中：$\varphi$ 为衬套的剪切角（弧度）。

$K_b$ 的典型值为 1.35。将该值代入方程，当衬套剪切角为 7.5°时，$\varepsilon_s$ 值为 0.5。尽管根据工作周期和所使用的橡胶化合物，该值可以高达 1.0，但为了达到更长的使用寿命，$\varepsilon_s$ 应限制在 0.5 左右。在越野路，特别是在坚硬石块地形上，履带将受到"背弯"的影响。通常假定最大背弯角为 30°，可以将预置角 15°进行适当减小。

提高衬套的直径与 $D/d$ 的比值可以降低衬套的承载压力和剪切应变，但会增加销耳的直径，使履带更重。

### 2.1.2 双销履带

单销履带可用于 25～30t 重的车辆，但大于这个质量时，衬套的压力变得过大；随着车辆质量的增加，衬套的面积随 $l^2$ 增加，而张紧力载荷随 $l^3$ 增加。单销履带衬套总的有效长度可达 0.43 倍履带宽，而双销履带衬套有效长度可达 0.77 倍履带宽，意味着衬套的平均压力可降低近一半。对于 62.5t 的主战坦克来说，衬套压力仅为 16MPa。

双销履带可以是双连接器或三连接器的形式，如图 2.7 所示。

图 2.7 双连接器双销履带

（资料来源：由英国国防部提供）

（1）双连接器履带。对于车辆总质量（GVW）约为 20t，且履带宽度不超过 380mm 的车辆，履带板可采用如图 2.7 所示的结构，在每块履带板两端各有一个端连接器。主动轮的驱动可以作用于端连接器上，也可以作用于履带板体上的啮合孔，如图 2.7 所示。主动轮的驱动作用于端连接器上的优点是，当它们磨损后可以更换，从而延长履带的整体寿命。如果主动轮的驱动作用于履带板本体上，则必须使用足够耐磨的材料。履带销和端连接器必须非常坚固，以确保衬套负载分布均匀。

（2）三连接器履带。对于大型车辆，履带较宽，需要设置一个中间连接器，使衬套上的载荷更加均匀，并减小履带销的纵向弯曲。具体来说，有两种不同类型的三连接器双销履带：①由两块板体拼装的履带，称为双板双销履带，如图 2.8 所示；②如图 2.3 所示的单板体履带，称为单板双销履带。

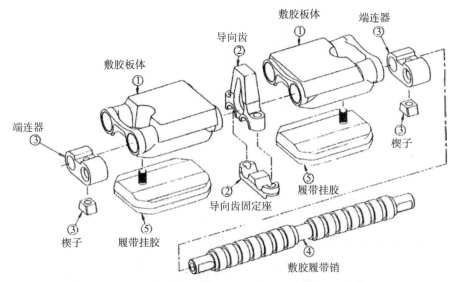

图 2.8 双板双销三连接器履带（坦克车辆研发和工程中心）

横弯（图 2.9）是当履带板由端连接器支撑并且在履带中间位置施加负重轮载荷时的一种负载情况，这种情况尤其在岩石较多的地面上容易发生。对于双体履带（图 2.8），这种载荷由履带销承受。因此，履带销必须具有较大的直径（通常做成管状以减轻质量），从而导致销耳的直径较大，可能增加履带的质量。主动轮驱动几乎都采用作用于端连接器的方式。中间的连接器承载导向齿，采用一个或两个螺栓进行固定（图 2.8），这是一种加强的布置方式。

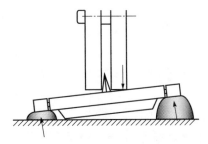

图 2.9 履带板/销承受的横弯载荷

在单体履带板设计中，在两个主板体之间有一个桥接段承载横向弯矩，因此履带销不需要承载横向弯矩。桥接段上通常带有导向齿。

主动轮的驱动可以作用于端连接器上（图2.3），也可以作用于履带板体的啮合孔中（图2.10）。张紧力通常假定在三个连接器上大约以1∶2∶1的比例分布。但是，当驱动力作用于端连接器时，由于履带销弯矩的存在，与端连接器靠近的衬套载荷会增加。而中间的连接器只承载一定比例的预紧力和离心力。可以假定张紧力呈正态分布分散于相邻履带板上。

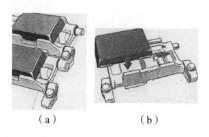

（a）　　　　　　　（b）

图2.10　板体啮合孔驱动的双销履带（a）和可更换履带挂胶插入"卡口"的方法（b）
（资料来源：由 DST 提供）

当主动轮驱动履带板体的啮合孔时，假定履带板体之间的桥接器具有足够的刚性，衬套载荷将沿着履带销的长度更加均匀地分布，并且履带销可以免受驱动端连接器引起的额外弯矩。衬套、履带销、销耳和端连接器可以设计得更小，履带从而更轻。使用双连接器履带（图2.7）时，全部的拉伸载荷均由端连接器承载，而板体啮合孔驱动的方式没有这一优点。

德国代傲防务集团（Diehl，现为 DST 防务集团）为主战坦克制造了两种类型的履带。端连接器驱动的履带每米的单位质量为185.6kg，而板体啮合孔驱动的履带每米的单位质量为155kg。

表2.1总结了各种主战坦克履带的一些特点。

表2.1　各种主战坦克履带特点

| 车辆或履带型号 | 履带形式 | 材质 | 履带驱动位置 | 挂胶安装方式 | 单位长度质量/(kg/m) |
|---|---|---|---|---|---|
| "挑战者"1 | 干销履带 5-4销耳 | 铸钢 | 板体啮合孔 | 螺栓安装 可更换 | 176.0 |
| "挑战者"2 | 双销单体履带 | 铸钢 | 端连接器 | 滑入安装 可更换 | 168.0 |
| "艾布拉姆斯"（Abrams） 早期型号 | 双销双体履带 | 锻钢 | 端连接器 | 不可更换 | 134.4 |
| "艾布拉姆斯"（Abrams） 近期型号 | 双销双体履带 | 锻钢 | 端连接器 | 螺栓安装 可更换 | 176.1 |
| "豹"2（Leopard 2）"代傲"（Diehl）570FT型履带 | 双销单体履带 | 铸钢 | 端连接器 | 滑入安装 可更换 | 185.6 |

续表

| 车辆或履带型号 | 履带形式 | 材质 | 履带驱动位置 | 挂胶安装方式 | 单位长度质量/(kg/m) |
|---|---|---|---|---|---|
| "代傲"(Diehl)570P型履带 | 双销单体履带 | 铸钢 | 板体啮合孔 | 滑入安装可更换 | 155.0 |
| "勒克莱尔"(Leclerc)XLV1 | 双销双体履带 | 锻造铝合金 | 端连器 | 螺栓安装可更换 | 140.0 |

制造履带板的铸钢是典型的低碳合金钢,含碳量为0.2%,抗压强度约为600MPa,极限强度约为900MPa。

端连器的夹紧螺栓容易松动,导致履带销向外窜出。试验还表明,在履带下引爆的地雷可以炸掉端连器。由于夹紧螺栓非常短,弹性很小,有助于保持预紧力。履带销的轻微弯曲以及主动轮的周期性加载可使端连器松动。

端连器除了承受拉力外,还必须转动衬套中的履带销并设定预设角度,可以采用多种方法来实现这一点。在大多数的美国双销履带上,将一个楔子拧在螺栓上,该楔子与履带销上的槽扣合(图2.8)。这种布置为履带销提供了较高的夹紧力,并且通过楔子扣合可以防止端连器外窜。图2.3是一种更简单并且成本可能更低的端连器,已在"挑战者"2的履带上使用。该端连器的特点是履带销上的平面与端接器孔中的平面相啮合。这种端连器完全依靠夹紧力,没有采取防止端连器向外窜的手段。DST防务公司开发的履带上采用了一种更简单的方法:履带销末端的短柱与端连器两孔之间的槽咬合(图2.10)。端连器螺栓与履带销末端短柱咬合也是防止端连器外窜的一种有效方式。

### 2.1.3 履带挂胶、负重轮和履带张紧器

#### 2.1.3.1 履带挂胶

履带挂胶可以提供抓地力,防止道路损坏,并减少噪声和振动。履带挂胶必须有足够的面积以防止过快的疲劳磨损。

对于可更换的挂胶来说,平均接触压力(负重轮载荷/挂胶面积)不应超过1.0MPa,而模制挂胶的平均接触压力不应超过0.7MPa。履带挂胶必须有足够的厚度,可以对石块起到缓冲作用,防止损坏履带背板,并提供足够的磨损厚度。然而,挂胶太厚也会导致较高的滞后损耗、过热和爆裂。需要特别注意的是,当车辆在有较多尖锐石块的潮湿路面行驶时,履带挂胶必须足够坚硬,以防止被过度"切碎"。图2.11是履带挂胶的失效对比:①新挂胶;②磨损;③"切碎";④高温爆裂。

图 2.11　履带挂胶失效情况对比
(a) 新挂胶；(b) 磨损；(c) "切碎"；(d) 高温爆裂。
(资料来源：坦克机动车辆研究与发展工程中心)

### 2.1.3.2　负重轮

负重轮通常由压制钢、结构钢，或压制、铸造、锻造铝合金制成。负重轮的内缘表面必须非常耐磨，才能经得住履带导向齿的磨损，通常是用铆钉或螺栓固定的圆形硬钢带。"哈立德"（Khalid）主战坦克的负重轮采用结构钢制成，表面淬火硬化，非常耐磨，而"挑战者"2坦克的负重轮采用锻造的铝合金制成，表面喷涂耐磨的硬质金属。"挑战者"2使用的铝合金负重轮的半轮质量为66kg，而"哈立德"使用的钢制负重轮的半轮质量为100kg。

负重轮裹有实心胶胎层，以减少噪声和振动，并防止负重轮和履带受到石块和碎片的损坏。负重轮的胶胎层不会受到严重的磨损，但容易出现被"切碎"，以及在持续高速工作过程中由于迟滞损耗而产生的高温效应。

Rowland[1]给出了负重轮胶层温度高于环境温度80℃以上时所能承受的最大载荷 $W$ 的关系式。一般来说，天然橡胶制成的胶层能达到的最高安全温度是120℃。

$$W = 5.1 \times 10^5 \left( \frac{b^{0.8} r^{1.25}}{V^{0.75} h^{0.5}} \right) \quad (2.3)$$

式中：$W$ 为负重轮胶层的垂向载荷；$b$ 为负重轮胶层的宽度；$r$ 为负重轮胶层的外半径；$V$ 为车速；$h$ 为负重轮胶层的截面高度。

对于典型的主战坦克，相关尺寸参数 $r=0.4$m；$b=0.164$m；$h=0.04$m。整车以15m/s的车速行驶时，负重轮的最大载荷为23.0kN或46.0kN，比典型的负重轮载荷（约50kN）略低。只有在研发试验期间才会持续以这样的速度行驶。

### 2.1.3.3 履带张紧器

履带可以通过螺纹装置来张紧，例如"豹"2坦克；或者采用充满脂或油的油缸来张紧，例如"勇士"步兵战车和"蝎式"（Scorpion）系列坦克。

在"挑战者"2坦克上，履带张紧油缸由一个小型的电动液压泵进行压力控制，由驾驶员从车内对张力进行设定。因为油气悬挂装置的高度随温度而变化，所以"挑战者"2坦克的这套张紧装置特别实用。

## 2.1.4 履带载荷

履带设计过程中的一个问题是难以建立真实的任务周期，部分原因是履带承受的负荷非常复杂。由于履带的工作环境恶劣，很难从运动的履带上测量数据。但是也有一些对履带受力进行测量的尝试性工作，特别是对履带张紧力的测量[2]。Trusty et al.[3] 在M60主战坦克的履带板上采用应变片测量数据，并通过拖线将数据传输至跟随的测试车，这仅限于对低速行驶的车辆进行测试。该项试验的目的是为后续换成遥测系统奠定基础。测量的最大值约为 0.4×GVW（车辆全重），在横穿铁路轨道、在20°（1:2.75）的坡道上行驶，以及在原位转向时会达到该值。Murphy et al.[4] 制定了针对履带载荷测量的先进方案，并用软件协助设计履带。Meacham et al.[5] 研究了履带的设计并开发了相应的软件。

### 2.1.4.1 离心张力

可以简单进行计算的张紧力是履带的离心张力 $F_{ct}$。履带的长度是一个恒定的值，但是履带的弯曲半径不直观，也不是固定不变的，它完全取决于质量/单位长度以及履带相对车体的速度，即车辆的行驶速度：

$$F_{ct} = m_t V_t^2 \tag{2.4}$$

式中：$F_{ct}$ 为离心张力；$m_t$ 为履带的单位长度质量，即质量/单位长度；$V_t$ 为履带的速度（车速）。

在主战坦克行驶速度为70km/h、履带单位长度质量为185kg/m的条件下，可以计算离心张力为70kN，与预紧张力（约50kN）相当。随着速度的增加，履带张紧的预拉力分量减小，并被离心拉力所代替。如果履带是不可伸长的（如干销履带和柔性履带），离心张力将与预紧张力叠加，总的张紧力为120kN。

### 2.1.4.2 主动轮驱动扭矩测量

尽管主动轮驱动扭矩的测量无法排除履带碾过大尺寸物体（如石块、原木等）的影响，但是这种测量方法是获得总张紧力的一种有效方法。

图2.12是对总重为540kN的"酋长"主战坦克主动轮驱动扭矩测量得到

的张紧力。履带的张紧载荷是由牵引、制动和转向力矩引起的，其他载荷还包括预张紧力和离心张力，可以进行估算。履带处于牵引、制动、预紧或空载状态，符合一定的统计概率。为了简单起见，履带的牵引部分是从主动轮到第四负重轮（履带长度的21%），制动部分是从主动轮到第三负重轮。在行驶时，假定上支履带保持预紧。制动时，从主动轮至地面这部分履带处于零张力状态。车辆平均速度下的离心张力低于预张紧力（假定为车辆质量的10%），因此可以忽略。该坦克是在6.4km长的公路和9.0km长的越野路线上进行行驶试验的，行驶路线上有明显的坡度和转弯。左、右履带张紧载荷增加至在两倍路线长度上都保持有效。

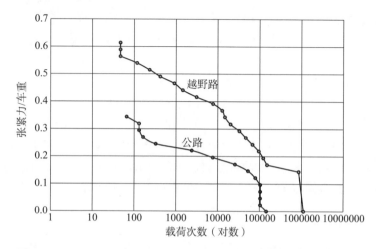

图 2.12　1000km 公路和 1000km 越野路行驶的履带张紧力载荷次数

在图2.12中，坦克在越野路行驶时的最大张紧力载荷为0.62倍车重。这表明，当极限张紧载荷为1.5倍车重时，履带的标准张紧载荷与车重相当是合适的。如果要将图2.12所示的数据转换为疲劳-载荷寿命周期，则必须进行各种假设。在特定载荷与零载荷之间的疲劳周期数似乎是估算寿命的合适方法。模拟1000km的越野路行驶，从图2.12可以看到，0.62倍车重与零载荷之间是50个周期，0.49倍车重与零载荷之间是420个周期，0.39倍车重与零载荷之间是7500个周期。Watson et al.[6]的文献对疲劳寿命评估非常实用。

考虑到车辆的履带被冻结到地面和/或履带与负重轮被冻结的泥浆所卡住的情况，也可以估计所需要的最大拉力。如果驾驶员选择最低挡位施加最大的牵引力和转向力，则施加在一条履带上的力与车重接近。这也表明，履带的最低抗拉损坏强度应是车重的1.5倍以上。作为比较，T156"艾布拉姆斯"（Abrams）坦克履带的抗拉强度为823kN，是车重的1.32倍，T158"艾布拉姆斯"履带的抗拉强度为1423kN，是车重的2.29倍。

如第 2.1.2 节所述的横弯载荷，有时使用 0.5 倍车重作为最大轮载施加于履带板的中心。

### 2.1.4.3 导向齿横向载荷

在转向时和在侧倾坡上行驶时，就会在导向齿上施加横向载荷。在高摩擦系数的地面进行原地转向时，导向齿受到的横向载荷不太可能超过 0.75 倍静态轮载，但在有明显淤陷的松软地面，很容易超过这一载荷，在横向加速度较大时，导向齿的横向载荷可达 1.25 倍左右的静态轮载；然而，这种横向加速度在实际使用中不太可能出现。通常可以使用 0.25 倍车重作为额定横向载荷作用于 0.75 倍导向齿高度的位置来确定导向齿的疲劳寿命。

## 2.1.5 滚动阻力：分析方法

用于预测履带系统滚动阻力的分析方法很少。Rowland[1] 建立的关系式用于预测橡胶部件（负重轮、履带挂胶、履带敷胶、履带橡胶衬套和诱导轮胶层）由于滞后损耗引起的滚动阻力。该关系式只考虑了低速时的滞后损耗，而没有考虑高速时橡胶的黏弹性效应，也没有考虑路面的滑磨损耗、摩擦损耗（导向齿和负重轮、轴承等之间的摩擦）和主动轮损耗。因此，预测值总是会低于试验结果。

下文以裹胶负重轮在无敷胶的金属滚道和敷胶的履带滚道上滚动的两种情况作为 Rowland 所建立关系式的示例。

### 2.1.5.1 在滚道面无敷胶的金属履带上滚动

对于无敷胶的金属滚道，滚动阻力 $R$ 与最大轮载 $W$ 之比定义为

$$\frac{R}{W} = 0.24 \left(\frac{Wh}{fGbr^2}\right)^{0.333} \sin\delta \tag{2.5}$$

式中：$R$ 为滚动阻力；$f$ 为形状因数；$G$ 为橡胶的剪切模量；$h$ 为负重轮胶层厚度；$\delta$ 为橡胶的耗损角。

当应力施加到橡胶上时，应变总会有滞后。参数 $\delta$ 代表应力周期性变化时应变的滞后量。这导致应变-应力关系图会出现椭圆形的迟滞环。环路内的面积代表了橡胶的能量损耗（如热量）。Rowland 建立的温度依赖关系式：

$$\sin\delta = 2.6 \times 10^{-6} M^3 T^{-0.5} \tag{2.6}$$

式中：$M$（国际橡胶硬度或 IRHD）为橡胶硬度；$T$ 为橡胶温度（℃）。当橡胶硬度为 70°时（履带橡胶硬度的典型值），可以得到

$$\sin\delta = 0.89 T^{-0.5} \tag{2.7}$$

橡胶的剪切模量 $G$ 与温度的相关性不大，对于硬度为 70°的橡胶，取值为

$1.4\text{MN} \cdot \text{m}^{-2}$。形状因数 $f$ 是一个非常复杂的表达式，但是对于有胶层的负重轮，取值 1.3 即可。

### 2.1.5.2 在滚道面有敷胶的金属履带上滚动

对于敷胶的履带滚道，提出了一种将负重轮胶层和履带敷胶滚道视为两个胶胎的方法，每个胶胎对滚动阻力都有贡献，并致使有效半径均大于实际胶胎半径。负重轮的有效半径为

$$r_{ew} = r\left(1 + \frac{h_p}{h_w}\right) \quad (2.8)$$

式中：$h_p$ 为履带滚道的敷胶厚度；$h_w$ 为负重轮胶层的厚度。履带敷胶滚道面的有效半径为

$$r_{ep} = r\left(1 + \frac{h_w}{h_p}\right) \quad (2.9)$$

Rowland 对 20℃和 100℃下的橡胶进行了测试，结果表明，在较高的温度下，橡胶的滚动阻力几乎减少了一半。橡胶温度高是车辆在试验履带上持续高速行驶的结果，在正常道路行驶过程中这种情况几乎不会出现。滚动阻力试验很少涉及持续高速行驶，可以假定橡胶温度比环境温度高几摄氏度；在滚动阻力试验中很少测量橡胶温度。在一次试验中测量了负重轮胶层的温度，在 22~37℃ 的温度范围内，滚动阻力没有变化。

Rowland[1] 计算的一些履带滚动阻力预测值见表 2.2~表 2.4（20℃），其中 RB（rubber-bushed）代表橡胶衬套橡胶垫，DP（dry-pin）代表干销履带，RWP（rubber wheel path）代表敷胶滚道，MWP（metal wheel path）代表金属（无敷胶）滚道。所有的履带都有挂胶。

对于质量为 52t 的"酋长"主战坦克：

表 2.2 "酋长"坦克的履带形式及其滚动阻力预测

| 履带类型；滚动阻力原因 | DP, MWP/kN | DP RB, MWP/kN |
| --- | --- | --- |
| 负重轮；履带滚道 | 7.80 | 7.80 |
| 诱导轮；履带滚道 | — | — |
| 前、后负重轮作为诱导轮；履带滚道 | 0.20 | 0.20 |
| 拖带轮；履带滚道 | 0.25 | 0.25 |
| 履带悬挂衬套或履带销摩擦 | 3.10 | 1.10 |
| 履带挂胶 | 1.92 | 1.92 |
| 总计 | 13.27 | 11.27 |
| 滚动阻力系数/% | 2.55 | 2.17 |

对于质量为 14.5t 的 FV432 APC：

表 2.3　FV432 APC 的履带形式及其滚动阻力预测

| 履带类型；滚动阻力原因 | RB，MWP/kN | RB，RWP/kN | DP，MWP/kN |
| --- | --- | --- | --- |
| 负重轮；履带滚道 | 1.84 | 2.12 | 1.84 |
| 诱导轮；履带滚道 | 0.10 | 0.16 | 0.09 |
| 前、后负重轮作为诱导轮；履带滚道 | 0.08 | 0.12 | 0.07 |
| 拖带轮；履带滚道 | 0.05 | 0.05 | 0.04 |
| 履带悬挂衬套或履带销摩擦 | 0.33 | 0.33 | 0.95 |
| 履带挂胶 | 0.67 | 0.67 | 0.67 |
| 总计 | 3.07 | 3.45 | 3.66 |
| 滚动阻力系数/% | 2.12 | 2.38 | 2.52 |

对于"蝎式"轻型坦克和质量为 7.75t 的"斯巴达人"APC：

表 2.4　"蝎"式坦克和"斯巴达人"APC 的履带形式及其滚动阻力预测

| 履带类型；滚动阻力原因 | RB，MWP/kN |
| --- | --- |
| 负重轮；履带滚道 | 1.01 |
| 诱导轮和主动轮、橡胶拖带轮；履带滚道 | 0.28 |
| 前、后负重轮作为诱导轮；履带滚道 | 0.07 |
| 履带悬挂衬套 | 0.29 |
| 履带挂胶 | 0.33 |
| 总计 | 1.98 |
| 滚动阻力系数/% | 2.56 |

## 2.1.6　滚动阻力：试验测量

滚动阻力可以使用如下几种不同方法进行测量。

（1）平路上的自由滚动减速。这是最简单的方法，只需要精确地测量车速，绘制车速随时间变化的曲线。将车辆加速行驶至最高速度，将变速器置于空挡，然后让车辆减速至静止。在相反的方向进行同样的试验，以补偿路面的坡度。速度-时间曲线的梯度给出了不同速度下的减速度。减速滚动阻力 $R_d$ 采用牛顿第二定律进行计算：

$$R_d = M_e a \tag{2.10}$$

式中：$M_e$ 是考虑了履带、负重轮、诱导轮、主动轮和传动系统关联部件的转动惯量的车辆等效质量；$a$ 为减速度。还可以考虑空气阻力，并进行修正。

(2) 拖车法。车辆以各种稳定的速度被牵引行驶，并测量牵引力。对车速的微小变化可以进行修正。

(3) 主动轮驱动扭矩测量。主动轮驱动扭矩测量需要配备合适的测试设备，通常采用应变计，对施加在主动轮上的扭矩进行测量。

针对"酋长"、FV432 APC、"蝎"式坦克和"斯巴达人"装甲输送车的试验结果在下文进行阐述。所有的数值都考虑了空气阻力和坡度的影响并进行了修正。

### 2.1.6.1 "酋长"坦克

该试验比较了标准干销履带和双销橡胶衬套履带。两对履带的滚道均无敷胶，并且都安装了可拆卸的履带挂胶。滚动阻力是通过测量主动轮的驱动扭矩得到的。滚动阻力系数（滚动阻力/车重）的试验结果见图2.13。两组履带之间的差异主要是干销履带与橡胶衬套履带的区别。负重轮、挂胶、诱导轮等影响能量损耗的部件基本相同。橡胶衬套履带的预测滚动阻力系数为2.17%，低速时测得的滚动阻力系数为2.76%。干销履带在低速时测量的滚动阻力系数略高于3%，而Rowland的预测值为2.55%。随着车速升高，滚动阻力系数增大是因为履带离心张力的影响。在车速为20m/s时，离心张力为62.8kN（相比之下，静载张力为21.8kN），预测计算的滚动阻力增加了9.9kN（2.8%），而实测滚动阻力值增加了约4kN或1.2%。

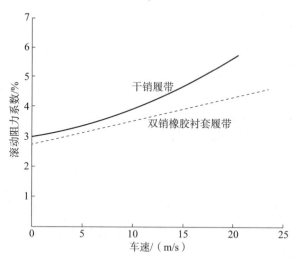

图2.13 "酋长"坦克的履带滚动阻力：干销履带和双销橡胶衬套履带

### 2.1.6.2 FV432履带式装甲输送车

试验结果来源于三种不同类型的履带：①滚道无敷胶的橡胶衬套履带，这是 FV 432 装备的标准履带；②滚道敷胶的橡胶衬套履带；③滚道无敷胶的干销履带。所有的履带都有挂胶。所有的滚动阻力都是通过测量主动轮的驱动扭矩得到的。

三种履带的测试结果如图 2.14 所示。对于标准履带（滚道无敷胶的橡胶衬套履带），低速阻力约为 2.7%，而预测值为 2.12%。对于滚道敷胶的橡胶衬套履带，低速时的阻力测量值为 3%，而预测值为 2.38%。

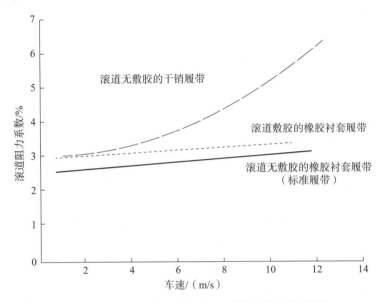

图 2.14　FV432 履带滚动阻力：干销和橡胶衬套履带

对于干销履带，低速阻力为 3.1%，预测值为 2.52%。预测值取决于钢制履带销与钢制履带板的摩擦系数假定值，取其为 0.2。履带销摩擦约占总阻力的 0.26%。车速为 12m/s 时，离心张力为 9.4kN，理论上会使阻力增加约 1.0kN，而实测值增加了约 3kN。

### 2.1.6.3　"蝎"式坦克和"斯巴达人"装甲输送车

试验团队共开展了五次试验，其中一次是牵引试验，其他试验则采用了主动轮驱动扭矩测量。牵引试验的主要目的是试图确定阻力的不同来源。被牵引的车辆有三种不同的配置：标准条件、不安装主动轮环、不安装履带。在试验期间，详细记录了橡胶温度的测量结果。负重轮胶层的温度在 22~37℃ 之间变化，但如第 2.1.5.2 节所述，在较高的温度条件下，滚动阻力没有显著变化。试验结果见图 2.15，低速牵引滚动阻力为 3.25%。

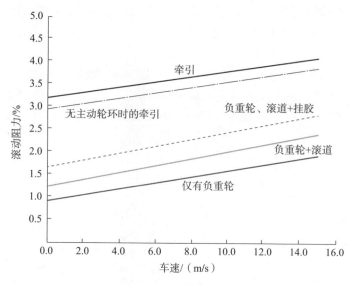

图 2.15 "蝎"式坦克被牵引时的滚动阻力

"蝎"式坦克的主动轮承载径向载荷的支撑轮部分裹有橡胶，旨在减小履带的周期性作用引起的噪声和振动（图 2.16）。因此，车辆可以在没有主动轮环的条件下行驶，这使得低速滚动阻力降低至 2.95%，部分原因是支撑轮的直径与主动轮的直径不匹配。如果 $n$ 为主动轮齿数，$p$ 为履带的节距，$e$ 为履带销中心接线与履带下底面的距离，则所需的主动轮支撑轮直径为

$$d_{sw} = \frac{p}{\tan(360/(2n))} - 2e \quad (2.11)$$

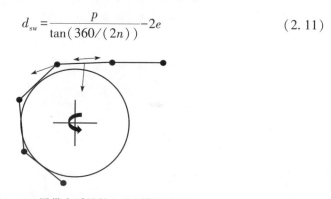

图 2.16 履带在诱导轮上的周期性作用

"蝎"式坦克的主动轮支撑轮直径 $d_{sw}$ 计算值为 437.4mm，而实际值是 449mm。这就意味着履带在与主动轮啮合时需要移动更远的距离。然后，在给定的主动轮转速下，履带的速度会出现不匹配，即由履带节距和主动轮齿数决定的速度与由主动轮支撑轮的直径决定的速度不一致。其他阻力可能是由于履带与主动轮轮齿啮合时的摩擦损耗以及在支撑轮上的部分滑动而引起的。

对仅有负重轮的车辆进行低速牵引时的行驶阻力为1.06%，与式（2.5）计算负重轮在坚硬路面上行驶时的阻力值相一致。因为负重轮通常是在部分敷胶的履带滚道上运行，并且由于负重轮胶层的载荷较高，会将阻力系数值增加至1.25%，而预测值为1.28%。

作为研究上支履带振动的一部分，构建了由"蝎"式坦克一侧履带系统组成的试验装置，包括主动轮、诱导轮和前、后负重轮，履带由电机驱动中间串联了感应轴，用来测量驱动扭矩。在低速时，驱动扭矩为105N·m，相当于0.44kN的阻力或两条履带0.88kN的阻力，而预测值为0.64kN。作为这项研究的一部分，对一些履带衬套的迟滞损耗进行了测量。迟滞损耗的测量值明显大于预测值。如果将负重轮和履带滚道的损耗0.84kN与履带系统的损耗0.88kN相加，履带挂胶损耗的计算值为0.29kN，则总损耗值为2.01kN，折合的阻力系数为3.0%，即比实车试验测量的损耗3.25%略小。

其中一项试验包括单体双销、板体啮合孔驱动、滚道无敷胶履带（图2.7）。尽管期望滚道无敷胶双销履带比标准履带（滚道有敷胶）具有更小的阻力，但是实测的阻力却大同小异。虽然该履带系统保留了主动轮上的橡胶支撑轮，但是主动轮与履带的不匹配问题与标准履带的相同。履带衬套的损耗也更大，因为衬套的长度几乎是标准履带的2倍，并且运行时的铰接角比标准履带的大。低速时的平均阻力系数约为3.3%。

#### 2.1.6.4 小结

对所有车辆的试验结果进行了平均数计算，得出三种履带的滚动阻力系数$C_R$的关系式如下：

干销、滚道无敷胶履带：
$$C_R = 3.04 + 0.036V + 0.013V^2 \tag{2.12}$$

橡胶衬套、滚道敷胶履带：
$$C_R = 3.0 + 0.04V \tag{2.13}$$

橡胶衬套、滚道无敷胶履带：
$$C_R = 2.67 + 0.065V \tag{2.14}$$

式中：$V$为车速。这些关系式可用于性能预测计算和建模。

Rowland所描述的方法对于说明橡胶滞回损耗在不同部件之间如何分布是有用的。特别是负重轮胶层的损耗预测值非常准确。试验测量也表明和证实了使用无敷胶滚道履带的好处。

应当指出的是，尽管履带车辆的滚动阻力通常以百分比表示，但阻力并不像充气轮胎那样严格地取决于车重。例如，虽然负重轮和挂胶的损耗与车重成正比，但履带衬套的损耗更多的是关于尺寸的函数，诱导轮的损耗对履带张力较为敏感。

然而，在履带设计者的优先次序列表中，滚动阻力的优先级不大可能很高；结构完整性、耐疲劳、耐久性、易制造，以及维护和成本都有更高的优先级。式（2.5）表明履带设计者几乎没有减小滚动阻力的余地。虽然降低负重轮胶层的厚度可能会带来一些小的好处，但负重轮胶层需要有合理的厚度来降低噪声和振动，同时还可以对可能损坏履带或负重轮的小石子起到缓冲作用。增大负重轮直径可以产生有效的性能提升，但负重轮直径受到负重轮与车体外凸部分的空间限制。同样，负重轮的宽度通常是履带上可以容许的最大宽度。影响最大的是减小橡胶的损耗角，但通常用作负重轮胶层（和其他橡胶部件）的天然橡胶化合物已经将损耗角降到了最低。

## 2.1.7 噪声和振动

尽管柔性橡胶履带越来越多地用于轻、中型装甲车辆，但大多数车辆使用的仍然是金属铰接履带。许多履带类型已达到先进的产品开发状态，大大延长了使用寿命，同时减少了维护需求。超过1万km使用寿命的履带在小型车辆上是可以实现的。履带挂胶需要更频繁地进行更换，但是使用快拆滑入型挂胶可以大大简化挂胶的更换操作。许多成熟的设计技术也降低了履带的重量。一对履带在车辆总重量中的占比现在可以降到8%，明显低于前几代车辆的10%。

但是履带在与主动轮、诱导轮、负重轮和拖带轮相互作用时产生的噪声和振动水平却没有取得明显进展。某些车辆在较高的速度下，车辆内部噪声水平可超过120dBA。较高的噪声和振动水平不仅会使车载人员容易疲劳，而且会妨碍通信，影响战斗效率。较高的振动水平还会影响车载的视觉敏感和电子设备。虽然发动机和传动系统可以产生显著的内部噪声和振动，但履带系统通常是大多数履带车辆的主要激励源。车辆外部的噪声水平会增加车辆的被侦察特征和脆弱性，这里不予讨论。虽然乘员的头盔（有时带有主动噪声消除系统）可以降低车辆内部噪声的影响，但振动的影响仍然存在。

虽然履带与行驶系统的其他部件之间的相互作用非常复杂，但履带对诱导轮、主动轮、前后负重轮的周期性激励作用被认为是重要因素。简单地说，周期性激励（图2.16）会导致履带和行驶系统其他部件之间的碰撞，还会引起上支履带的横向和纵向振动。负重轮滚过履带板铰接处时也会产生激励，这些激励的发生频率为履带的交叉频率（车速/履带节距）及其谐波频率发生，并且激励频率随着速度的增加而升高。这些激励会使车体振动并产生噪声。在一定的车速下，各种结构和声腔共振会被激发，从而导致噪声和振动水平显著增加。

减弱这些振动和噪声激励的方法通常局限于使用裹有实心橡胶层的负重轮和诱导轮。"蝎"式系列坦克使用了裹有橡胶的主动轮支承轮，以承载履带的径向力。在履带的内表面滚道上有时也敷上一层橡胶，但是敷胶的厚度受到橡胶滞后生热效应的限制。履带板的周期性作用说明更小节距的轻量履带可以有效降低激励强度。然而，在足够的安全性和耐久性的约束下，履带已经设计得尽可能轻了。减小节距会增加履带的重量和成本。

### 2.1.8 降低噪声和振动的方法

#### 2.1.8.1 有限元分析和主动轮试验

美国陆军人体工程实验室（Human Engineering Laboratory，HEL）开展了一项降低 M113 装甲输送车车内噪声水平的研究和试验项目[7]。该项工作的第一阶段是确定各种噪声源，并对其进行评级，需要使用一个专用试验台，使履带系统只与诱导轮或主动轮一起运转。试验表明，履带-诱导轮的相互作用是主要的噪声源，其次是主动轮和负重轮。该项目第二阶段是设计与制造试验性的低噪声诱导轮和主动轮。通过试验台的测试表明，与标准部件相比，相关的措施对降低噪声非常有用。其他阶段的工作包括结构和声腔模态的有限元模型分析，试图建立理论方法来预测车体变化和诱导轮及主动轮改进对噪声的削弱效果。

#### 2.1.8.2 全解耦行驶系统

Krauss Maffei Wegmann 采用了一种更激进的方法构建了试验车辆，该车辆的行驶系统由诱导轮、主动轮和主减速器组成，扭杆/平衡肘枢轴安装在橡胶座上，实现了与车体侧部的解耦。在 Puma 试验车上的测试结果令人印象深刻，与标准车型相比，在车速为 30km/h 时的噪声降低了 15dBA，在更高车速时，噪声降低达 18dBA。在改装后的 M113 装甲输送车上，较高车速时的噪声降低幅度小了 10dBA 左右。同样，结构振动水平也大大降低。但是，对于总宽度相同的车辆，其车体内部体积必然会有一些损失。

#### 2.1.8.3 柔性橡胶履带

另一种方法是使用柔性橡胶履带，噪声和振动可降低情况见 2.2 节。

### 2.1.9 降低噪声和振动的实践

与 Krauss Maffei Wegmann 的方法相比，DERA 所设立的项目，试图设计一种更简单的降低噪声和振动的方法。该项目分为三个阶段：①确定噪声激励的主要来源；②为车辆行驶系统（主动轮、诱导轮和负重轮）研发一些柔性安装座；③安装这些柔性安装座后对车辆进行测试。

所有实车试验工作基于阿尔维斯公司的"斯巴达人"装甲输送车（Alvis Spartan）完成。早期的车辆安装了裹有胶层的铝合金诱导轮，因为担心裹胶诱导轮的耐久性，后来的车辆安装了普通铸钢诱导轮。尽管希望在所有试验中都使用同一辆车，但在第一阶段试验之后，必须更换试验车。两辆车的制造标准略有变化，意味着基准（标准条件）噪声和振动水平在试验工作的第一阶段和第三阶段略有不同。同样，尽管竭尽全力使传感器的安装位置相同，但仪器设备还是有一些变化。

在项目第一阶段，只测量了乘员舱室的噪声。将微型麦克风置于车载乘员耳朵同高的位置，通常该位置的噪声水平最高。而且对于车辆中间两侧的乘员来说，测量的结果与实际遭受的噪声水平相符。在第三阶段，还在车辆乘员舱底板、车顶和电子设备安装架等若干位置测量了振动。

试验中，车辆在两种条件下以一系列稳定速度行驶：①车辆处于正常行驶模式；②牵引行驶。对于后者，传动系统从变速器处断开（挂空挡），发动机不运转，即履带系统是噪声和振动的唯一来源。

### 2.1.9.1 第一阶段：确定主要噪声源

车辆首先在自行和牵引模式下进行测试。从图 2.17 所示的车辆内部噪声水平测量结果对比，可见两种情况的噪声水平相差很小，基本上证实了履带系统是噪声激励的主要来源。噪声源调查如下：

**(1) 发动机和传动系统的噪声。**车辆通过主减速器加载运行，主减速器连接了固定的测力计。发动机被加载到与之前测量的车辆滚动阻力水平相对应的状态。结果表明，在大多数车速范围内，噪声水平比牵引行驶的车辆低 10dBA 以上（图 2.17）。

**(2) 诱导轮。**通过短接履带，使履带从最后的负重轮上绕过，让诱导轮不参与行驶系统的工作，车辆被牵引行驶。在大多数速度范围内，噪声降低非常可观，达到了 8dBA 左右。这就显著地表明，诱导轮是"斯巴达人"车辆最强的噪声激励源。

**(3) 主动轮和负重轮。**再通过短接履带，让履带仅围绕着诱导轮和负重轮运行，即让主动轮不参与行驶系统的工作。结果表明，噪声水平与被牵引标准车的差异非常小，更加证实了诱导轮是主要的噪声激励源。最后，履带仅绕着负重轮工作，即让诱导轮和主动轮不参与行驶系统的工作。与主动轮参与工作的情况相比，噪声仅有略微降低，这表明与主动轮相比，负重轮是更强的噪声激励源。车速为 64km/h 时的噪声水平为 99dBA。另外还将该车辆的主动轮环安装在橡胶衬套上，并实施了实车测试，结果表明该项措施对噪声水平没有影响。

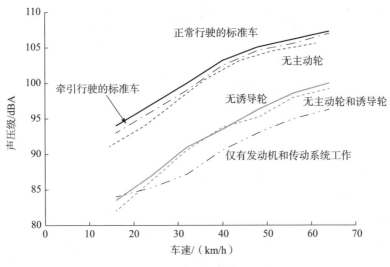

图 2.17 行驶系统部件对噪声的影响

因此得出结论，诱导轮是"斯巴达人"车辆最强的噪声激励源。

### 2.1.9.2 第二阶段：柔性安装座的设计和制造

显然，为了大幅衰减噪声，对车体结构做出大幅修改是不大可能的，因此显著削弱行驶系统的激励就非常有必要了。于是决定集中力量对行驶系统的支撑座进行攻关。车速 64km/h 时，即使履带短接后仅绕负重轮工作，噪声水平仍达到了 99dBA，如果要大幅度降低噪声水平，对行驶系统的所有支撑座（诱导轮、主动轮和负重轮）进行改进仍然非常有必要。最有效的改进可能是为行驶系统设计某种形式的柔性安装座。并且需要确定的是，这些柔性安装座必须是旋转副的固定部分，而不是先前试验的主动轮和美国 HEL[6] 所做工作中的旋转部分。因为周期性的旋转载荷下，旋转部分的高弹性肯定会导致弹性部件出现不可接受的温度升高。而固定部分的弹性还会增加关联部件的解耦质量，从而降低支撑座的固有频率。该方案借鉴了在旋转副的转轴和固定部分之间加入橡胶衬套的思路，这些橡胶衬套将承载主要的压缩和剪切载荷。

改进工作要求对主动轮轮毂重新设计，使其可以安装大直径的轴承。另外，还构思了一些方法将主动轮的驱动力矩从主减速器输出轴传递到主动轮环，同时允许两者之间有一定程度的径向移动。为了解决这一问题，设计了一种连杆式联轴器，由两对成直角的并行摆动臂构成，一对安装在主减速器输出轴上，另一对安装在主动轮上，两者通过中间的浮动机构连接，并且所有旋转部件都有橡胶衬套。实物安装见图 2.18。

图 2.18　柔性连杆式主动轮

（资料来源：由英国国防部提供）

柔性安装座是由英国安东尼百斯特有限公司（Anthony Best Dynamics）设计和制造的。负重轮必须承受转向操纵引起的大量横向和侧翻力。这些力量作用在两个圆盘状的橡胶圈上，橡胶圈裹附在轮毂的钢垫圈上。在诱导轮和主动轮轮毂上使用了类似的橡胶环，但承受的侧向力要小得多。安装座的总径向刚度（橡胶衬套和橡胶垫圈）需要进行设计，使其固有频率小于 50Hz。假定关联的质量为轮毂、负重轮和一部分履带的质量。在安装到试验车上之前，对安装座的静态和动态刚度进行了测试，大多数测试结果都在所要求的规格范围内。图 2.19 是诱导轮的柔性安装座。由于载荷较高（约为履带张力的两倍），橡胶衬套里埋置了钢制弧形衬套以防止过度横向膨胀。

图 2.19　诱导轮弹性安装座

（资料来源：由英国国防部提供）

### 2.1.9.3　第三阶段：柔性安装座的测试结果

在两种条件下对该车辆进行了测试：①仅安装了柔性支撑座的诱导轮；②诱导轮、主动轮和负重轮均安装了柔性支撑座。诱导轮没有裹附橡胶层。车内噪声的测试结果如图 2.20 所示，在两种条件下，噪声水平差别很小，在车速较高时，声压降低了 5~6dBA，这可以认为是响度降低了约 30%。当然，从主观上看，车辆的行动系统安装柔性支撑座后，明显更加安静。

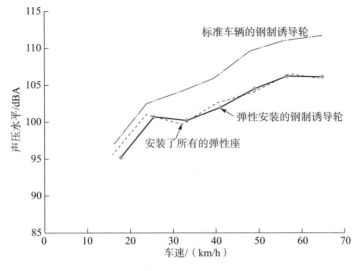

图 2.20　安装弹性支撑座后的声压水平

对车顶、底板和设备架上的振动进行测量，并取平均值，结果见图 2.21。可以看出，在大多数车速范围内，振动水平大约降低了一半。

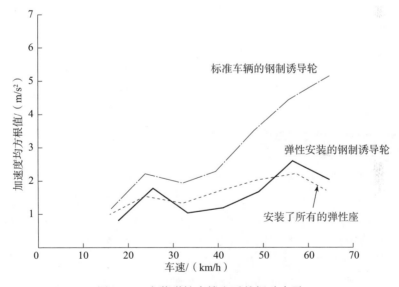

图 2.21　安装弹性支撑座后的振动水平

从柔性安装座试验得出的结论是，诱导轮仍然是主要的噪声和振动源，在负重轮和主动轮上安装柔性座没有任何效果。只有安装诱导轮柔性座才能显著降低噪声和振动。

目前还不清楚是不是所有的 APC 型车辆（前驱，即主动轮在前，诱导轮在后）或者其他后驱型车辆（即主动轮在后，诱导轮在前），诱导轮是否都是最大的噪声激励源。

美国的研究表明，诱导轮是 M113 装甲车上最强的激励源。用于"斯巴达人"装甲车上的诱导轮柔性安装座中置入了橡胶衬套，这种柔性安装座不太适合推广应用到更重的车辆上。一种替代方案是在四连杆机构中使用一定的弹性件，用于承载诱导轮并张紧履带，如图 2.22 所示。车辆在崎岖的越野路上行驶时，如果诱导轮与地面磕碰，该方案还可以提供一定程度的减振缓冲。

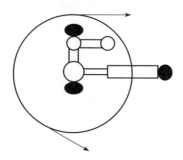

图 2.22　带柔性座的四连杆支撑诱导轮示意图

## 2.2　柔性履带

此处所说的"柔性履带"是指非铰接结构的履带，通常是由用钢丝或聚合物帘线强化的橡胶制成的连续型履带，也称为橡胶履带、柔性橡胶履带或带式履带。

### 2.2.1　早期柔性履带

第一款成功的橡胶履带是由凯格勒斯（Kegresse）于 1910 年制造的，并安装在各种汽车和轻型卡车上，构成半履带车辆。雪铁龙公司（Citroen）获得了制造这种机动车的许可证，并于 20 世纪 20 年代和 30 年代用于在非洲与亚洲地区探险，以展示其能力[8]。图 2.23 是沙漠条件下使用的履带，采用了最小的表面花纹，适用于软摩擦地面。履带的结构有多种形式，有的采用在平带上用螺栓或铆钉固定横向加强筋、花纹、驱动凸耳和导向齿的方式。图 2.23 所示的履带似乎是整体开模成形，通过摩擦力进行驱动，但是大多数 Kegresse 履带还是采用带齿的主动轮来驱动。

图 2.23　雪铁龙用于沙漠地区的半履带式卡车

（资料来源：Audouin-Dubreuil A，2006[8]。获得 Dalton Watson（2006 年度精品著作）许可后复制）

美国对雪铁龙卡车进行了评估，并由此开发了 8.5t 重的半履带式的 M3 车辆，在第二次世界大战中，美国制造和使用了数千辆该型车辆。图 2.24 是该型半履带式系统的照片，横置的钢杆交替模制在履带上作为导向件，并由单齿圈主动轮驱动。

图 2.24　M3 履带系统

## 2.2.2　现代柔性履带

雪地车使用连续型柔性履带，但是大多数大型压雪车使用的是用铰链连接的工业带式履带，其上有通过螺栓固定的履带齿片（图 2.25）。

1986 年，卡特彼勒（Caterpillar）公司引进了一台装有柔性橡胶履带和摩擦传动装置的农用拖拉机[9]。对于农业用途来说，其最大吸引力在于，与同型的四轮驱动拖拉机相比，履带系统的牵引效率更高。牵引效率 $\eta_t$（功率输出/功率输入）定义为

$$\eta_t = \frac{F_t V}{T_s \omega}$$

$$C_t = \frac{F_t}{W} \tag{2.15}$$

式中：$F_t$ 为净牵引力；$V$ 为车辆前进速度；$T_s$ 为主动轮的输入扭矩；$\omega$ 为主动轮的角速度；$W$ 为车辆质量；$C_t$ 为牵引力系数。

图 2.25　压雪车上的铰接履带

卡特彼勒公司将柔性履带式拖拉机与车重相近的四轮驱动拖拉机的牵引效率进行了比较[9]。在耕地时，柔性履带式拖拉机的牵引效率在 0.26~0.67 范围内的占比超过 80%，而四轮驱动拖拉机的牵引效率在 0.2~0.4 范围内的占比为 70%。较高的牵引效率意味着更低的燃料消耗，并且在给定的牵引力下，能达到更高的车速。试验测试还表明，与相同质量的轮式拖拉机相比，履带式拖拉机的土壤压实作用更小。此外，与金属履带式拖拉机相比，柔性履带式拖拉机可以在道路上以正常的速度行驶。

卡特彼勒公司还为美国陆军制造了使用相同履带系统的推土机，车重 16t，速度可达 53km/h（图 2.26）。

图 2.26　卡特彼勒柔性履带式高速推土机
（资料来源：由英国国防部提供）

DST 防务公司生产了一种分段的柔性履带。各分段采用与双销履带类似的小端连器连接。这些端连器与设置在履带分段末端的横向钢杆连接（图 2.27）。与整体式柔性履带相比，明显的优点是该履带更容易安装，并且更便于现场维修。适配 M113 装甲车的这种柔性履带比同型的双销金属履带轻 55%。图 2.28 是该型履带的横截面，也是柔性履带的典型结构，含有纵向钢丝加强、复合横向加强和钢板强化的导向齿。

图 2.27　分段式履带系统（图中显示了用于连接相邻分段的连接器）

（资料来源：由 DST 提供）

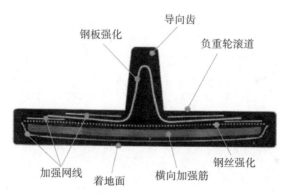

图 2.28　分段式柔性履带横截面，展示显示纵向钢丝加强筋、综合了横向加强和钢板加强的导向齿

（资料来源：由 DST 提供）

### 2.2.3　"斯巴达人"装甲输送车的柔性履带原理样车

1994 年，加拿大苏西国际公司（Soucy International）、英国国防工程研究

局（DERA）和阿尔维斯公司（Alvis）合作启动了一个计划，针对"斯巴达人"装甲输送车设计、制造并测试柔性履带原理样机。加拿大苏西国际公司是一家雪地车柔性履带制造商，负责履带的设计和制造；英国国防工程研究局负责性能试验；阿尔维斯公司负责耐久性和可靠性试验。

与铰链式履带相比，柔性履带的潜在优点是：质量更轻；更低的车内噪声和振动；更低的初始成本；维护保养简单；更低的外部噪声。

当然也有一些潜在的缺点和未知的方面：更难安装（特别是在战场，因为履带不能断开）；滚动阻力未知；耐久性未经验证；战场维修或短接困难；未知的热印记特征（军事要求）；可能只适用于轻型车辆。

制造了三副有不同修改点的履带，分别标记为"1""2""3"。

### 2.2.3.1　1号履带

图 2.29 所示的是 1 号履带在"斯巴达人"车上的安装。履带的径向相对部分在平压机上按顺序模制而成。主要的纵向加强成分是凯夫拉芳纶帘线，采用拉挤玻璃聚酯棒作为横向加强。该履带与标准金属履带的基本节距相似，分离的橡胶履带块被相对较薄的"铰链"隔开。在履带块的边缘有模制成型的橡胶驱动凸耳，中央导向齿与成对的橡胶驱动凸耳安装在一起。主动轮的轮缘上安装有横向驱动杆，与履带的驱动凸耳啮合，实现对履带的驱动。该履带比标准的钢制铰链式履带（带橡胶衬套）轻 30% 左右。

图 2.29　安装了 Soucy 1 号柔性履带的"斯巴达人"装甲车
（资料来源：由英国国防部提供）

不出所料，这些履带安装起来较为困难，需要将车辆顶起，将主动轮、诱导轮和负重轮拆卸和重新安装。

初步试验表明，连接导向齿底座的桥接片导致了履带导向齿区域的温度升高。当履带绕过主动轮、诱导轮和端部的负重轮时，会造成严重的变形和滞后损失，Soucy 公司建议增大履带张力（大约是标准张力的 3 倍），使端部的负重轮从地面上抬起，从而增大中间三个负重轮的地面载荷。然而，试验发现，柔性履带可以在与标准铰链式履带相同的张力下运行，而在转向或一挡行驶时没有出现任何履带脱落的迹象。

低速牵引行驶时的滚动阻力相对较高，达到了车重的6.6%，而标准铰链履带为3.4%。然而，当试验履带被浇湿后，滚动阻力大幅度下降到5.2%，这表明摩擦是导致高滚动阻力的主要因素。

与预期一致，柔性履带引起的车内噪声和振动激励水平更低。在较高的速度下，牵引行驶的噪声水平降低了约13dBA，即噪声降低了一半以上。当车辆依靠自身动力行驶时，由于发动机和传动系统的噪声水平较高，车内噪声降低了约10dBA。主观上难以从发动机和传动系统噪声中甄别出履带系统的噪声，而标准铰链式履带车辆的主要噪声源则是履带系统。测量了车顶、底板和设备架上的垂向加速度，均方根值（RMS）正好是标准履带车辆的一半。

试验履带在性能测试期间行驶了大约600km，在履带上出现了多处切痕和"碎块"，特别是在履带受热积聚影响的区域。但是，履带着地面的磨损明显较低。

总的结论是，如果能够克服高滚动阻力和高发热量的缺陷，这样的履带就有非常好的应用前景。

### 2.2.3.2　2号履带

将履带导向齿之间的桥接片去除，并且进行了多处内部修改，另外对主动轮进行了重新设计，并采用钢制材料加工。

车辆行驶时，从主动轮一眼看上去，好像是主动轮在驱动车辆倒驶，即履带的驱动凸齿接触的是主动轮轮齿的"制动"侧（图2.30），似乎起到增加行驶阻力的作用。这意味着主动轮的总直径太大，驱动力是通过主动轮圆形轮缘部分的摩擦力传递的，履带的实际速度比由履带节距和车辆前进速度所决定的理论速度更快。基本的节圆直径PCD（Pitch Circle Diameter）由履带节距$p$和主动轮齿数$n$定义：

$$PCD = pn/\pi \tag{2.16}$$

节圆应该位于或非常靠近履带的加强带。如果$t$是加强带与履带内表面的距离，$ds$是主动轮的基圆直径，则

$$ds = PCD - 2t = pn/\pi - 2t \tag{2.17}$$

对于柔性履带，$p=114.8$mm，$n=13$，$t$约为10.7mm，因此，$ds$应为453.7mm，所安装的主动轮基圆直径要大一点，为459.7mm，这就解释了主动轮与履带凸齿啮合时出现的"倒驱"假象。

图 2.30　安装 Soucy2 号柔性履带的"斯巴达人"装甲车，主动轮看上去是在驱动车辆倒驶（主动轮输出的扭矩似乎是逆时针的）

（资料来源：由英国国防部提供）

在小半径转弯时，外侧靠前的负重轮还有"爬上"履带导向齿的趋势。注意，在侧向回转力的作用下，导向齿有明显的偏转。在侧向力作用下，相比钢质导向齿，橡胶导向齿与金属轮之间的摩擦力要更大，这将增大负重轮爬上导向齿的趋势。

鉴于"倒驱"问题，决定不再使用 2 号履带继续进行试验。

### 2.2.3.3　3 号履带

3 号履带的节距稍长一点，旨在更好地匹配现有的主动轮，导向齿也进行了强化。每对履带重 593kg，而标准履带每对重 830kg，约减重 29%。类似的履带安装在更重的美国 M113 装甲车上，大约可以减重 50%。新修改的履带刚开始使用时，仍存在一定程度的"倒驱"假象，但是前轮"爬上"导向齿的问题已经克服，导向齿的横向刚度明显更高。

3 号履带的滚动阻力系数比 1 号履带的略低 6.3%。采用 Rowland 的方法估算橡胶滞回损失，结果表明，该履带的能量损失与标准铰链式履带（滚道面敷胶、橡胶衬套）的类似。履带着地块之间的"铰链"引起的能量损失比橡胶衬套的（预计占总橡胶损失的 15%）要少，但是当履带绕过诱导轮以及当负重轮碾压履带时，履带的着地块会出现轻微的弯曲（与金属履带相比）。为了深入研究产生这种行驶阻力的原因，将车辆置于台架上并测量运行阻力，结果为 3.2kN，远远超过了 0.64kN 的预测值和铰链式履带 0.88kN 的测量值。将履带系统润湿以减少摩擦后，尽管阻力值仍然较高，但明显下降到了 1.9kN。即使是将车辆置于台架上，主动轮的"倒驱"现象仍然会导致额外的能量损失。在台架上的运行阻力与路面行驶阻力之间的差异反映的是负重轮、履带滚道面和着地面产生的阻力，该值为 1.34kN，比 Rowland 的预测值 1.25kN 略高。

后来设计了由超高分子聚乙烯制成的塑料主动轮（图 2.31）。主动轮轮缘在两齿之间是平面，这就减小了周长并限制了着地块之间的弯曲。从图中可以看到，主动轮与履带凸齿啮合良好，没有"倒驱"的假象。低速行驶时的滚动阻力测量值为 4.4%，车速为 60km/h 时上升到 5.9%，与金属主动轮相比，行驶阻力明显下降，但仍高于标准铰链式履带（4.8km/h 时为 3.4%）。与铰链式履带最高车速 80km/h 时相比，3 号履带在最大速度 68km/h 时，滚动阻力增加的幅度明显下降。虽然阻力增加的原因并不是很明晰，但额外的摩擦损失可能仍然是主要原因。值得注意的是，履带导向齿的温度比履带其他部位的更高，这表明负重轮和导向齿之间的摩擦仍然可能较大。此外，负重轮之间的间隙可能也不够。比较遗憾的是，没有机会在履带被润湿的条件下测试车辆的行驶阻力是否受影响。

图 2.31 装有 Soucy 3 号柔性履带和 UHMW 塑料主动轮的
"斯巴达人"装甲车，没有出现"倒驱"假象
（资料来源：由英国国防部提供）

### 2.2.3.4 耐久性试验

耐久性试验是由 Alvis 公司使用 3 号履带按特定的"战场任务周期"进行的。测量的最高速度为 68km/h，与 DERA 车辆的最高车速相近。

完成的总行驶里程为 3142km，这是作战任务所要求的里程。履带着地块之间的铰接区有一些小裂缝，但这些裂缝并不明显。履带着地块只磨损一半，表明其潜在寿命超过 6000km，而标准履带的寿命约为 1500km。

采取了多种恶劣的操纵，试图使履带"脱落"，但都没有成功。

### 2.2.4 后期进展

自 DERA 开展试验以来，Soucy 公司的柔性履带取得了非常大的进展，用户正在将柔性履带安装到最重 35t 的车辆上。

图 2.32 是安装了 Soucy 公司柔性履带的 28t 的通用动力欧洲地面系统公司（GDELS）ASCOD 步兵战车，请注意该车的履带节距非常短（104mm）。这使得履带卷绕诱导轮时更顺畅，噪声和振动的激励降低，并且由于着地块的弯曲程度降低，滚动阻力可能也会略有降低。导向齿的增加也将降低履带脱落的可能性。尽管较多的导向齿会增加质量，由于着地块之间的间隙更多，履带质量也会略有减少。而对于铰链式履带，较短的节距则会倾向于增加质量，因为要用更多的凸耳、衬套和履带销。现在使用的主动轮是铸铁制造的。车载乘员对柔性履带低得多的噪声和振动水平极为赞赏。

图 2.32 安装有 Soucy 柔性履带的 ASCOD 步兵战车
（资料来源：由通用动力欧洲地面系统公司提供）

对于 22t 以下的车辆，这些柔性履带通常比同类钢制铰链履带轻约 50%；对于 22t 以上的车辆，柔性履带也相比要轻 40%。现在，车速在 10m/s 时，滚动阻力的测量值约为 3.5%，在 20m/s 时，滚动阻力的测量值略有上升，约为 4.3%。滚动阻力值符合预期，与铰链式履带（橡胶衬套、敷胶轮轨）相比已非常接近。

Soucy 公司还开发了一些工具来简化安装流程，并提供在战场紧急使用的修理工具包。

# 参考文献

[1] Rowland, D. (1971). The effect of wheel and track rubber hysteresis on tracked vehicle rolling resistance,

MVEE Report 71029 (unpublished).

[2] Huh, K. and Hong, D. (2001). Track tension estimation in tracked vehicles under various manoeuvring tasks. Journal of Dynamic Systems, Measurement and Control, 123, 179-185.

[3] Trusty, R. M., Wilt, M. D., Carter, G. W. and Lesuer, D. R. (1986). Field measurement of tension in a T-142 tank track. Experimental Techniques, May, 28-32.

[4] Murphy, N. R., Reed, R. E. and Lessem, A. S. (1987). Initial field and simulation studies, TR GL-87-7, US Army Engineer Waterways Experiment Station, January 1987.

[5] Meacham, H. C., Swain, J. C., Wilcox, J. D. and Doyle, G. R. (1987). Track Dynamics Program, Final Report, October 1987.

[6] Watson, P. and Hill, S. J. (1982). Fatigue life assessment of ground vehicle components. ASTM STP 761, American Society for Testing and Materials.

[7] Hammond, S. A. et al. (1981). Experimental quiet sprocket design and noise reduction in tracked vehicles. TM 8-81, US Army Human Engineering Laboratory.

[8] Audouin-Dubreuil, A. (2005). *Crossing the Sands-The Sahara Desert Track to Timbuktu by Citroen Half-Track*. Editions Glenat 2005, translated by Ingrid MacGillis, Dalton Watson Fine Books 2006.

[9] Sutton, R. A. (1987). Challenger 65, A New Force in the Field. SAE Technical Paper 871640.

# 第 3 章

# 履带车辆悬挂性能：建模和测试

悬挂系统的主要目的是减少振动和冲击传递至车载乘员和车载设备，并减小车辆结构的动态载荷。在悬挂建模和性能测试时需要考虑的因素有：

(1) 车辆行驶的地形特征。
(2) 车辆的行驶速度和响应。
(3) 人体对振动和冲击的响应。

悬挂还必须确保车辆在受到纵向与横向加速度时不会出现过度俯仰和侧倾。悬挂还在车辆操纵安全方面发挥一定作用。

## 3.1 人体对全身振动（Whole-Body Vibration，WBV）和冲击的响应

### 3.1.1 BS 6841：1987 和 ISO 2631—1（1997）

最常用于评估振动和冲击对人体可能产生的影响的两个标准是 BS 6841：1987《人体暴露于全身振动和重复性冲击的测量和评估指南》和 ISO 2631—1（1997）《机械振动和冲击—人体暴露于全身振动的评估—第 1 部分：一般要求》。

人体对振动的响应是与频率有关的，有些频率比其他频率会使人感觉更不舒适。各种加权滤波器用于衡量人体对不同频率的响应灵敏度，可用于不同输入位置（座椅底座、靠背和脚底）与不同的姿势（座位、站立或俯卧）的直线和旋转运动。

座椅底座处的垂向振动通常是越野车辆中最显著的振动；然而，对于有

明显俯仰和侧倾运动的车辆,如果车载人员的座位较高,纵向和横向振动可能也是较为显著的。对于座椅底座处的垂向振动,图 3.1 显示了 BS 6841 和 ISO 2631 标准的滤波器做线性近似处理后的对比,以强调它们之间的差异。

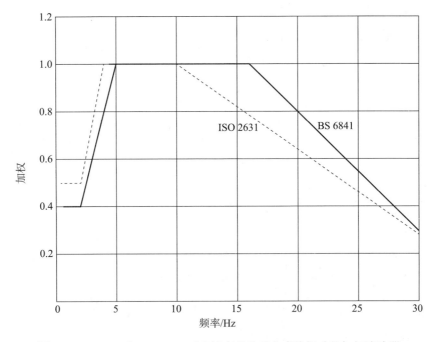

图 3.1　BS 6841 和 ISO 2731 对座椅底座处垂向直线振动的加权滤波器

BS 6841 考虑了振动和冲击对以下几个方面的影响:①健康;②活动;③舒适;④损伤。该指南没有给出振动和冲击极限,但是附录中提供了振动和冲击可能产生的影响。对于坐着的人,在三个位置(座椅底座、座椅靠背和脚底)考虑振动输入,共有九个线性轴和三个旋转轴。

对振动幅度的主要衡量指标是经频率加权的加速度均方根值(Root Mean Square,RMS)$a_{\text{wrms}}(\text{m/s}^2)$:

$$a_{\text{wrms}} = \left( \frac{1}{T} \int_0^T a_w^2(t)\,\mathrm{d}t \right)^{0.5} \tag{3.1}$$

式中:$a_w$ 为频率加权加速度;$a_{\text{wrms}}$ 为频率加权加速度的均方根值;$T$ 为暴露时间。如果波峰系数小于 6,则采用加权加速度峰值除以加权加速度均方根值来计算波峰系数。该标准表明加权加速度均方根值及其对舒适度的影响如下:

(1) 加速度均方根值水平 $<0.315\text{m/s}^2$:舒适度主观评价为没有不舒服。

(2) 加速度均方根值水平 $=0.315\sim0.63\text{m/s}^2$:舒适度主观评价为有点不舒服。

(3) 加速度均方根值水平 $=0.5\sim1.0\text{m/s}^2$:舒适度主观评价为相当不

舒服。

(4) 加速度均方根值水平 = 0.8~1.6m/s²：舒适度主观评价为不舒服。

(5) 加速度均方根值水平 = 1.25~2.5m/s²：舒适度主观评价为非常不舒服。

(6) 加速度均方根值水平 = 2.0m/s²：舒适度主观评价为极不舒服。

如果振动中含有峰值因子大于 6 的反复冲击，则应使用加权加速度的四分之一次方根值（Root Mean Quad，RMQ）$a_{wrmq}$（m/s²），定义如下：

$$a_{wrmq} = \left(\frac{1}{T}\int_0^T a_w^4(t)\,dt\right)^{0.25} \tag{3.2}$$

为了评估暴露时间的影响，应计算振动剂量值（VDV，m/s$^{1.75}$）：

$$VDV = \left(\int_0^T a_w^4(t)\,dt\right)^{0.25} \tag{3.3}$$

一般来说，如果峰值因子小于 6，则振动剂量值（EVDV，m/s$^{1.75}$）可以采用下式估算：

$$eVDV = 1.4 a_{wrms} T^{0.25} \tag{3.4}$$

此标准表明，重复暴露于 VDV 值超过 15m/s$^{1.75}$ 的环境可能导致健康问题。人体对振动的响应取决于多种因素：身材、姿势、年龄、健康、动机、期望等。高速越野车辆的乘员一般身材和健康不是问题，特别是军用和运动车辆的乘员，因此比一般人更能承受强度更高的振动和反复冲击。

尽管 ISO 2631（1997）在许多方面与 BS 6841（1987）相似，如图 3.1 所示，但是加权滤波器略微有些不同。Griffin[1] 对两种标准进行了比较，得出 ISO 2631（1997）容易混淆，而 BS 6841（1987）具有以下优点：①简单、清晰，是一种内在一致的评价方法；②对舒适度和健康的评估方法相同；③对严重暴露于振动及反复冲击环境是一套合理的方法。读者若希望更多了解关于人体对振动的响应，请参阅 Griffin 的著作[2]。

## 3.1.2 其他与全身振动（WBV）相关的标准

### 3.1.2.1 功率吸收法

功率吸收（AP）是评估人体对乘坐振动响应的另一种方法，用于北约参考机动模型（NATO Reference Mobility Model，NRMM）[3]。NRMM 是一种用于预测车辆通过各种地形和障碍物的性能和最大速度的计算机模型。图 3.2 是该模型的框图。路面粗糙模块包括一个乘坐性能模型 VEHDYN 4.0 [3-4]，用于评估乘员对车辆驾乘振动的响应，并根据路面粗糙度设定极限速度。

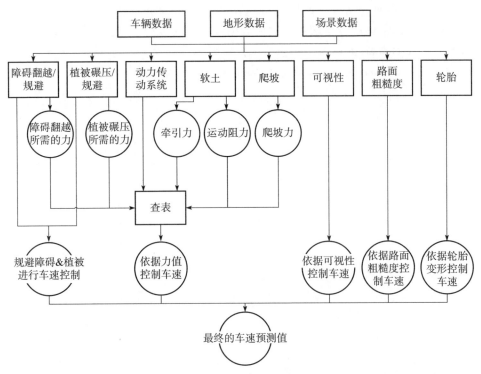

图 3.2 北约参考机动模式：总体框架（美国陆军工程师研发中心）

AP 法是由 Pradko 等人于 20 世纪 60 年代[5-6]为美国陆军开发的，它是根据一系列人体振动试验得出的结果。AP 法与人体在振动环境下吸收的能量有关：

$$\mathrm{AP} = \frac{1}{T}\int_0^T F(t)V(t)\mathrm{d}t \qquad (3.5)$$

式中：$F$ 为传递到座椅的力；$V$ 为座椅的速度。实验室研究表明，吸收的功率与人对振动的主观反应有良好的相关性。虽然在实验室里可以测量座椅的力和速度，但在车辆上却不能准确地测量座椅的力和速度。因此，吸收的功率通常是根据测量的座椅加速度得出的：

$$\mathrm{AP} = K\frac{1}{T}\int_0^T a_\mathrm{w}^2(t)\mathrm{d}t \qquad (3.6)$$

式中：$K$ 为从实验室研究中得到的频率加权函数。因此，可以认为功率吸收法是与 $a_\mathrm{w}^2$ 相关的，而大多数其他研究表明人对振动的主观反应是与 $a_\mathrm{wrms}$ 相关的。

图 3.3 是 AP 加权滤波器与 BSI 6841、ISO 2631 加权滤波器相对比，图中还显示了 ISO 2631 早期版本的加权滤波器。图 3.4 显示了 WES（现为 ER-

DC)[7] 的一项研究结果，该研究针对功率吸收法和 ISO 2631—1 法对人体全身振动响应的量化进行了比较。这些数据取自履带车辆和轮式车辆驾乘试验的结果。该数据集有 3600 多个观测数据。得出以下相关关系：

$$\text{ISO acceleration}(m/s^2) = 0.94(AP\ (W))^{0.5} - 0.13 \quad (3.7)$$

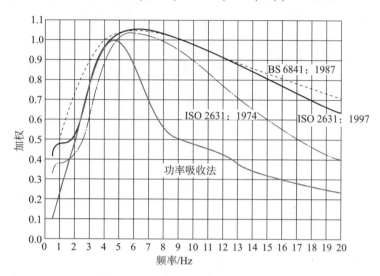

图 3.3 人体对振动的响应（HRV）权重函数（座椅底座垂向振动）

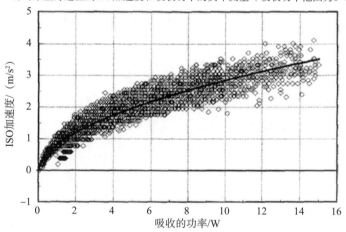

图 3.4 比较吸收功率法和 ISO 2631 加权滤波器对车辆乘坐舒适性的影响（美国陆军工程师研究开发中心）

结果表明吸收的功率是与 $a_{wrms}^2$ 关联的。北约参考机动模型（NRMM）中，功率吸收的上限是 6W，相当于 ISO 标准中的 2.17m/s²，与 BS 6841 标准中的非常不舒适和极为不舒适的主观反应相对应。

但是正如 Murphy 所述，功率吸收法没有考虑冲击情况的影响。这里对配置较软悬挂的 8×8 车辆与配置较硬悬挂的小型沙滩车的行驶性能进行了比较。虽然 8×8 车辆在各种路面上行驶时的吸收功率值较低，但驾驶者更喜欢坐沙滩车，尤其是在较崎岖的路面上高速行驶时，8×8 车辆更容易出现悬挂撞击限位装置的情况，导致冲击性振动传递至驾驶员。

### 3.1.2.2 欧洲物理致病因素（振动）指令 2002/44/EC

该指令主要适用于雇主及其对雇员暴露于全身振动（WBV）环境中应承担的责任。指令规定了暴露行动值（Exposure Action Values，EAV）和暴露极限值（Exposure Limit Values，ELV）。

暴露行动值规定了暴露于振动环境的限度，若超过该值，雇主必须采取行动减少暴露时间。针对每天暴露时长为 8h 的振动环境，振动限度值为 $0.5m/s^2$ 或 $9.1m/s^{1.75}$。暴露极限值是指暴露在这样的振动水平环境中可能危及健康，并且禁止更高的值。针对每天暴露时长为 8h 的振动环境，该水平设置为 $1.15m/s^2$，或者 $21m/s^{1.75}$。

Scarlett et al.[9] 分析了与农用拖拉机有关的指导手册，得出结论：几乎所有农用拖拉机的操作时长都超过了每天 8h 对应的 EAV，但几乎没有超过每天 8h 对应的 ELV。

### 3.1.2.3 ISO 2631—5（2004）

ISO 2631—5（2004）《机械振动与冲击—人体暴露于全身振动的评估 第 5 部分：多次冲击振动的评估方法》主要由美国陆军航空医学研究实验室（USAARL）及其承包商开发。它跟踪了有关履带式及轮式军用车辆载员下背痛和可能的损伤案例，尽管这些车辆符合全身振动的现有标准。

标准描述了在水平与垂直方向受到振动和冲击的坐姿人体的腰椎动态响应模型。水平向模型是线性的，而垂向模型是非线性的，并且一般需要计算机模型进行求解。模型的输入取自测量的座椅加速度，输出与腰椎关节的加速度。在与腰椎疲劳强度相关的剂量-响应模型中，采用峰值加速度进行计算。将计算的加速度剂量进行合并，得到等效的压缩应力 $S_{ed}$。该标准建议了正常人在典型工作日的 $S_{ed}$ 值上限和下限。Alem et al.[10] 比较了 VDV(8)（即一天 8h 的振动计量值）与 $S_{ed}$ 值，结果表明两者之间存在合理的线性相关。在此基础上，他们建议 VDV(8) 警戒区应降至 $3.4 \sim 4.8 m/s^{1.75}$，与之对应的 EAV 值为 $9.1 m/s^{1.75}$。

## 3.2 地面起伏

### 3.2.1 特征

道路和越野路的地面轮廓通常具有随机特性,并按其垂向位移的功率谱密度(PSD)$S(n)$进行分类:

$$S(n) = Gn^{-p} \quad (3.8)$$

对于波数$n$(周期数/m),其中$G$为地面粗糙度系数,$p$为双对数功率谱密度$S(n)$的斜率。通过将波数$n$乘以车速$V$,并将功率谱密度(PSD)除以$V$,可以将式(3.8)转换为频域。

$$f = nV \quad (3.9)$$

$$S(f) = \frac{G}{V}\left(\frac{f}{V}\right)^{-p} = GV^{p-1}f^{-p} \quad (3.10)$$

如果$n=2$,则粗糙度输入值将随速度而直接增加。总体粗糙度的特征可以是采用特定空间频率下的$G$值来表征,或者由在既定频率范围内的均方根值来表征。

左、右车轮或履带的轨迹起伏轮廓差异,其特征可以用相干函数$y^2$来表征,定义为

$$y^2(n) = \frac{G_{LR}^2(n)}{G_L(n)G_R(n)} \quad (3.11)$$

式中:$G_{LR}^2(n)$为两侧轨迹路面起伏的互功率谱;$G_L(n)$为左侧轨迹路面起伏的功率谱;$G_R(n)$为右侧轨迹路面起伏的功率谱。对于长波路面,轮廓接近一致,相干函数趋向于1,而对于短波长路面则趋向于零。

对较大的单一障碍(如堆垛、沟渠)的响应,也必须加以考虑,特别是对于军用装甲车辆而言。

### 3.2.2 DERA车辆悬挂性能测试路面

DERA用于车辆悬挂性能测试的路面包括:

(1)正弦路面,波长4.5m,起伏±50mm,适用于测试履带着地长约3.0m的小型履带车辆的俯仰响应。

(2)正弦路面,波长7.0m,起伏±100mm,适用于测试履带着地长为3.75~5.0m的大型履带车辆的俯仰响应。车辆以不同的速度在该路面上行驶,测量车辆的俯仰幅度和驾驶员座椅处的加速度。该路面测量俯仰共振频率、俯

仰阻尼以及诱导轮/主动轮的距地间隙。如果车辆在通过该路面的过程中,诱导轮/主动轮出现"磕"地的情况,那么它就不可能在越野条件下表现良好。这些路面也可用于计算机模型的初步验证。

(3) 坡道,坡度30%(16.7°)和40%(21.8°),高1.5m。车辆以不同的速度冲上坡道,直到在驾驶员座椅上测量到极限加速度(通常为滤波后达到2.5g)。该试验是测量前悬挂减振能力的一种方法,并检查诱导轮/主动轮是否有足够的行程和空间。这项试验可用于量化评价车辆通过大型单个障碍(堆垛、沟渠、凸起路等)的能力,这些障碍是许多农业用地的典型特征。在这项试验中表现良好的车辆通常在恶劣的越野地形上也表现良好。该项试验可以使用简单的"一次性"试验设施,费用成本或场地要求较低。

(4) 随机路,205m长。这是经过设计后符合特征要求的越野路,需要精心施工才能使整个路段符合粗糙度的要求。如果粗糙度太高,车辆无法达到足够的速度来激发俯仰和垂向共振;如果粗糙度不够,车辆可以轻易地高速通过该路段,而达不到任何约束条件(如加速度超过某值)。由于该路面的主要目的是测量大型履带车辆(如MBT)的性能,因此采用"挑战者"坦克的计算机模型来帮助确定合适的整体粗糙度。粗糙度大致为

$$S(n) = 0.0001 n^{-2.5} \tag{3.12}$$

### 3.2.3 多轮车辆响应

轴距滤波效应大大降低了主战坦克等大型多轮车辆的有效路面输入。用于六轴车辆垂向振动激励的轴距滤波器为

$$f_z = \frac{1}{3}\left[\cos\left(\frac{l}{w}\pi\right) + \cos\left(0.6\frac{l}{w}\pi\right) + \cos\left(0.2\frac{l}{w}\pi\right)\right] \tag{3.13}$$

式中:$l$ 为车辆轴距;$w$ 为路面波长。

图3.5描述了不同波长的路面与轴距滤波的关系。可以看到,对于给定的轴距,一定波长范围内的有效路面输入被大幅衰减。轴距滤波的影响在图3.6中非常明了清晰,图中是轴距4.8m的车辆以10m/s的速度通过一定波长范围内的路面时,有效的路面起伏输入随频率的变化情况。可以看到,在人体对振动最敏感的3.5~9.5Hz的频率范围内,路面激励被大幅衰减。图3.7显示的是针对轴距为2.75m、3.8m和4.8m的六轴车辆,幅度恒定而波长不同的路面起伏输入的滤波效果。这表明波长至少需要9~10m的路面才能引起轴距4.8m的车辆产生显著的垂向振动,而对轴距3.8m的车辆,路面波长需要大约8m,对轴距2.75m的车辆,路面波长需要5~6m。

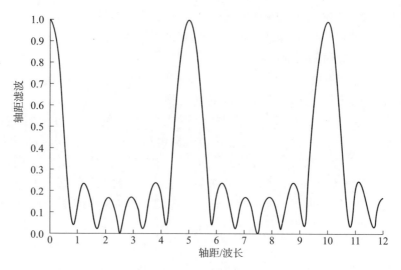

图 3.5　六轴车辆的轴距滤波

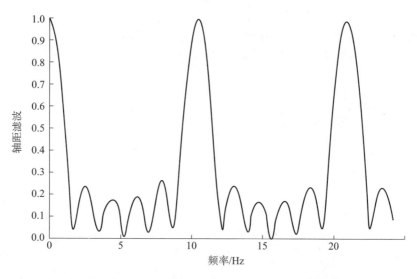

图 3.6　轴距 4.8m 的六轴车辆在车速为 10m/s 时的垂向响应滤波

用于六轴车辆俯仰振动的轴距滤波器为

$$f_z = \left(\frac{w}{1.8l\pi}\right)\left[\sin\left(\frac{l}{w}\pi\right) + \sin\left(0.6\frac{l}{w}\pi\right) + \sin\left(0.2\frac{l}{w}\pi\right)\right] \quad (3.14)$$

图 3.8 是用于六轴车辆通过正弦路面的有效俯仰输入，幅度保持恒定，路面波长不同。对于轴距 4.8m 的车辆，最大的俯仰输入是波长约 5.5m 的路面；对于轴距 3.8m 的车辆，最大的俯仰输入是波长约 4.5m 的路面；对于轴距 2.75m 的车辆，最大的俯仰输入是波长约 3m 的路面。

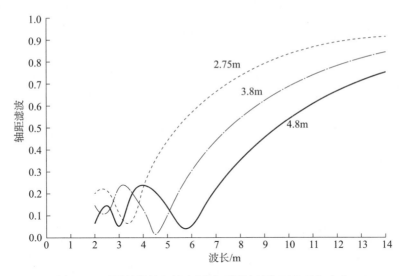

图 3.7　不同轴距的六轴车辆对不同波长路面的垂向响应

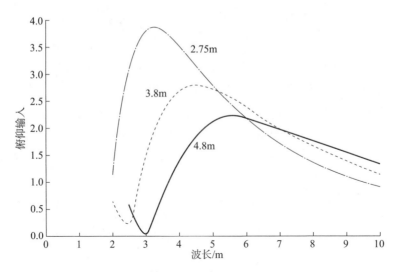

图 3.8　用于不同轴距车辆的恒定幅度、不同波长的俯仰输入

## 3.2.4　四分之一车悬挂模型

四分之一车悬挂模型是一个简单的线性模型，它代表了单个悬挂装置的基本特性。该模型包括簧载质量、由弹簧和阻尼器构成的悬挂系统、簧下质量和轮胎弹簧，如图 3.9 所示。模型中没有考虑弹簧和阻尼器的非线性、悬挂压缩和反弹的限位器、车轮与地面的分离以及轮胎的阻尼。然而，该模型可以对悬挂的基本性能特征和系统各参数的变化趋势进行分析。

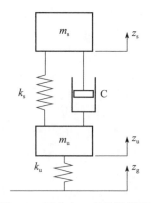

图 3.9　四分之一车悬挂模型

通常考虑的性能参数包括簧载质量的加权加速度均方根值、悬挂行程均方根值、轮胎载荷变化均方根值以及它们之间的各种权衡指标。第 6 章更全面地分析了这些权衡和悬挂参数变化对轮式车辆悬挂性能的影响。这里仅考虑轴距滤波和 BSI 6841、ISO 2631 的人体响应加权滤波器对加速度均方根值的影响。轮胎载荷变化对轮式车辆的影响更加显著,尤其影响在粗糙地面上的附着力。对于履带车辆来说,制动会导致载荷转移到靠前的负重轮,这些负重轮处的悬挂装置通常配置了良好的阻尼(增加的阻尼可以减小负重轮的负载变化)。当转向时,负重轮与履带导向齿之间的横向载荷导致的摩擦具有较大的阻尼效应。

不同悬挂性能参数的计算取决于随机振动理论的两种关系:①输出功率谱密度等于输入功率谱密度乘以频率振幅比(传递率)的平方;②在一定的频率区间内,功率谱密度曲线下的面积或积分等于功率均方值。详细考虑图 3.9,其中 $m_s$ 为簧载质量,$m_u$ 为非簧载质量,$k_s$ 为悬挂刚度,$C$ 为悬挂阻尼系数,$k_u$ 为轮胎刚度,$z_g$ 为地面起伏高程,$z_u$ 为非簧载质量的位移,$z_s$ 为簧载质量的位移。定义了簧载质量固有频率 $\omega_s$、相对阻尼系数 $\zeta$ 和非簧载质量固有频率 $\omega_u$ 的参数:

$$\omega_s = \sqrt{\frac{k_s}{m_s}}, \quad \zeta = \frac{C}{2 m_s \omega_s}, \quad \omega_u = \sqrt{\frac{k_u}{m_u}} \tag{3.15}$$

定义路面与簧载质量之间的振幅传递率:$z_s / z_g$

$$\frac{z_s}{z_g} = \left\{ \frac{1 + 4\zeta^2 r_s^2}{\left[(1-r_s^2)(1-r_u^2) - \frac{r_u^2}{\mu}\right]^2 + 4\zeta^2 r_s^2 \left[1 - r_u^2\left(1 + \frac{1}{\mu}\right)\right]^2} \right\}^{0.5} \tag{3.16}$$

式中:参数 $r_s$、$r_u$ 和 $u$ 分别定义为 $\omega/\omega_s$、$\omega/\omega_u$ 和 $\mu/m_s$,$\omega$ 是频率(rad/s)。

然后以窄频带(通常为 0.5Hz)为频率间隔,建立电子表格,并且转换为等效的空间频带($n = f/V$)。表 3.1 是该过程的样表。

表 3.1 样表

| 中心频率 /Hz | $df$ | 空间频率（周期数/m） | $Z_g$ 输入 PSD | 输入加速度 PSD | $r_s$ | $r_u$ | $(z_s/z_g)^2$ | 人体加速度功率谱 | ISO 权重近似值 | ISO 权重开方近似值 | ISO 加权加速度 PSD | ISO 加权加速度（频带 $df$ 内） |
|---|---|---|---|---|---|---|---|---|---|---|---|---|
| 0.50 | 0.5 | 0.05 | 0.268 | 2.614 | 0.4 | 0.0 | 1.534 | 4.010 | 0.400 | 0.160 | 0.642 | 0.321 |
| 1.000 | | 0.100 | 0.0474 | 7.39 | 0.9 | 0.0 | 7.283 | 53.840 | 0.400 | 0.160 | 8.61 | 4.307 |
| 1.500 | | 0.150 | 0.0172 | 13.58 | 1.3 | 0.1 | 1.514 | 20.556 | 0.400 | 0.160 | 3.29 | 1.644 |
| 2.000 | | 0.200 | 0.0084 | 20.91 | 1.7 | 0.1 | 0.296 | 6.179 | 0.400 | 0.160 | 0.99 | 0.494 |
| 2.500 | | 0.250 | 0.0048 | 29.22 | 2.2 | 0.1 | 0.111 | 3.241 | 0.500 | 0.250 | 0.81 | 0.405 |
| 3.000 | | 0.300 | 0.0030 | 38.41 | 2.6 | 0.1 | 0.056 | 2.157 | 0.630 | 0.397 | 0.86 | 0.428 |
| 3.500 | | 0.350 | 0.0021 | 48.41 | 3.0 | 0.1 | 0.034 | 1.629 | 0.630 | 0.397 | 0.65 | 0.323 |
| 4.000 | | 0.400 | 0.0015 | 59.14 | 3.5 | 0.2 | 0.022 | 1.329 | 0.800 | 0.640 | 0.85 | 0.425 |

该表扩展到约 20Hz。对最后一列进行求和，取平方根得到加权加速度均方根值。将上面的轴距滤波器考虑进去，就可以计算六轴车辆的垂向响应。因此，可以比较单轴和六轴车辆的行驶响应。图 3.10 是加权的垂向加速度，车辆悬挂的特征参数为 $f_s=1.25$Hz、$f_u=25$Hz、$\zeta=0.3$ 和 $\mu=0.042$。该图表明轴距滤波器在降低乘坐加速度方面有非常显著的作用。例如，在大多数速度下，六轴车辆行驶时的垂向加权加速度仅为单轴输入模型的 37%。图 3.10 还比较了 ISO 2631（1997）和 BS 6841（1987）标准不同 HRV 加权滤波器的影响，各曲线之间的区别是由加权滤波器在 5Hz 以下和 10Hz 以上的范围内的差异引起的。

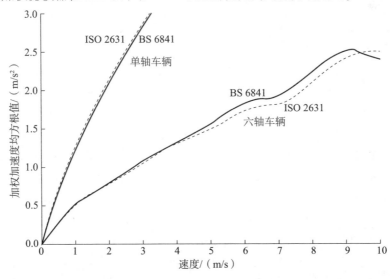

图 3.10 单轴和六轴车辆以不同的速度在随机路面行驶时的乘坐舒适性对比，同时对比 BS 6841 和 ISO 2631 加权滤波器的影响

图 3.11 比较了车速 5m/s 的单轴车辆和车速 10m/s 的六轴车辆的加权加速度功率谱密度。六轴车辆在 10.5Hz 处的峰值,与波长为车轮间距(0.96m)的激励是相对应的,因此是全地形输入。六轴车辆的响应没有将车辆的俯仰运动考虑进去,车辆的俯仰通常会导致驾驶员所在的车辆前部产生更大的加速度。

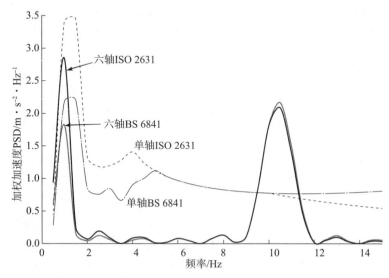

图 3.11 单轴车辆以 5m/s 和六轴车辆以 10m/s 的速度在随机路面行驶时的加权加速度 PSD,同时对比 BS 6841 和 ISO 2631 加权滤波器的影响

### 3.2.5 计算机建模

在实验室对车辆悬挂部件(弹簧、阻尼器、径向刚度的负重轮和线性刚度的履带)开展特性试验的基础上,DERA 花费了数年时间来开展履带车辆悬挂的计算机模拟,并通过车辆测试反复进行模型修正。

大多数建模都是在 Applied Dynamics AD 10 计算机上完成的,这是一台专门用于复杂非线性动力学系统模拟而设计的高速数字计算机,可以实时运算履带车辆所有非线性特性。开发了车辆模型的动态显示,并且操作者能够快速地检查模型的基本运行情况。

图 3.12 是履带车辆模型的示意图。给出了车体(簧载质量)的垂向和俯仰运动以及负重轮和轮毂组件(非簧载质量)垂向运动的方程式。侧倾运动没有考虑在内,因为履带车辆左、右履带行驶轨迹的地面起伏轮廓基本相同。侧倾运动在某些情况下也可以进行考虑,如模拟对火炮后坐力的响应过程。

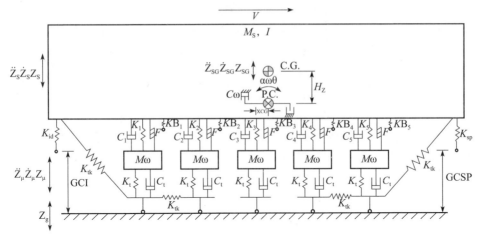

图 3.12　履带车辆计算机模型
（资料来源：由英国国防部提供）

### 3.2.5.1　参数

车辆悬挂系统的计算机建模使用的参数包括：

（1）簧载质量和非簧载质量易于测量或者可以从工程图纸中获取。转动惯量可以用复合摆来测量，主战坦克较难测量，也可以用 CAD 软件辅助计算（转动惯量的经验计算方法见第 1.4.2 节）。

（2）非线性弹簧。弹簧特性可以是用户指定的数值、测量值或由平衡肘的几何形状以及扭杆弹簧、螺旋弹簧或油气装置的尺寸计算得出。

（3）阻尼器特性可以测量、估算或采用理论值。

（4）缓冲器的刚度可以测量、估算或指定，经常被视为悬挂刚度特性的一部分。

（5）可以测量或估算负重轮胶层的刚度。负重轮胶层的阻尼非常小，只是一个象征性的值（仅在没有悬挂阻尼的负重轮上才有必要考虑）。允许负重轮离地，并且由于履带车辆悬挂的回弹行程相对受限，以及履带对最前负重轮和最后负重轮的约束作用，这种情况在较高的速度下经常会发生。

（6）对于诱导轮和主动轮磕地的情况，通常发生在车首，需要考虑诱导轮和主动轮的刚度。车辆在凹凸不平的路面上行驶的速度通常受到诱导轮或主动轮磕地的限制。诱导轮或主动轮与地面磕碰的刚度值可以测量或估计。

（7）摩擦力通常是载荷的函数，它是由轴承的摩擦力和减振器、油气悬挂装置密封件的摩擦引起的。在"豹"2 坦克（Leopard 2）和 FV 432 装甲输送车上使用的是摩擦式减振器。"豹"式坦克（Leopard）减振器的阻尼力与位移相关，而 FV 432 装甲输送车的减振器阻尼力是一个恒定的值。

（8）履带纵向刚度以 N/m 为单位。履带建模成作用于主动轮、诱导轮以及前、后负重轮的线性弹性带。履带在许多方面会影响悬挂的性能：

①履带张力的垂直分量向下作用在主动轮和诱导轮上，向上作用在最前和最后负重轮上。车辆处于静止状态时，履带张力起到了降低车高和减小最前、最后负重轮下地面负荷的作用。动态运转时，履带会引起变化的垂向力作用在主动轮和诱导轮上，其起到的作用相当于附加了悬挂弹簧。履带还会约束最前、最后负重轮的反弹运动。

②履带也会通过主动轮和动力传动系统将车体耦合到地面，从而产生两个方面的作用：一是降低了俯仰中心，并且增加了俯仰惯性矩；二是在早期的验证性研究中，车辆悬挂配置了较低的阻尼，结果表明模型预测的俯仰响应大于实测响应。据推测，这是由于履带通过主动轮和动力传动系统耦合，尤其是当车辆行驶时，可以听出发动机的转速随着车体俯仰而出现增高和降低。惯性空间俯仰阻尼函数（图 3.12 中的 $C_\omega$）可以对这种现象进行最简单的解释，并且与实测数据高度相关。随后通过对车辆在正弦路面行驶时的主减速器扭矩进行测量，结果表明这个假设是可以接受的，但是对于阻尼水平配置较高的车辆来说这一影响变得微不足道。

### 3.2.5.2 假定

在悬挂系统计算机建模方面所作的假定包括：

（1）将车体视为刚体。对"蝎"式坦克和"斯巴达人"装甲车的模态分析表明，车身一阶模态（扭转）的频率约为50Hz，远高于悬挂系统考虑的频率。

（2）俯仰角很小（$\cos\theta \to 1$）。

（3）悬挂运动与车体垂直。对于平衡肘的角度运动，一些工作需要考虑在内（对弹簧刚度的影响），但对结果影响不大。

（4）车轮与地面是点接触；负重轮在刚性履带板上滚动，胶胎与履带板的接触长度相对较短。履带板对短波有一定的滤波作用，但只会影响较短的波长，从而较高频率的 HRV 幅度相对较小。

（5）地面坚硬。硬质地面作为最坏的情况来考虑。

（6）车辆以恒定的速度行驶。

### 3.2.5.3 模型应用示例

不管是对于不需要考虑所模拟的悬挂阻尼特性在实践中是否可以实现的纯理论研究，还是针对现役车辆的新设计或升级，都可以用该模型进行分析。

运用该模型进行的第一次重要研究是辅助设计"勇士"步兵战车。除履带模型外，该模型的大多数要素目前都已得到落实。研究的变量包括：扭杆和油气弹簧刚度曲线；三种不同的阻尼器特性（图 3.13 展示了其中两种特性以及在后续车辆试验中使用的产品特性）；三种不同的减振器布置位置：①1 和 6 轴；②1、2 和 6 轴；③1、3 和 6 轴。模型车辆在 7m 正弦波、30%坡道和随机路面上行驶。

模型的输出包括：

（1）驾驶员和后排乘员的垂向加速度、峰值以及未加权和按 ISO 2631（1974）（这是当时唯一的标准）加权的均方根值（RMS）。加速度均方根的容忍极限为 $3m/s^2$，峰值加速度的极限值为 $25m/s^2$，这是军用车辆测试的典型峰值水平。超过这一值将对驾驶员和车载人员造成严重的不适，并可能导致行动部分损坏。

（2）俯仰角。

（3）主动轮和诱导轮与地面的距离。

（4）悬挂行程。

一般性的结论如下：

（1）扭杆悬挂与油气悬挂的性能差异不大。

（2）图 3.13 所示的两种阻尼特征表现出的性能最佳，两者在性能上几乎没有差异。它们与安装在量产车辆上的阻尼器的特性非常相似。

（3）在 1、2 和 6 轴上布置阻尼器（和量产车辆上的阻尼器布置一致）性能最佳。

（4）主动轮磕地之前，最前悬挂装置会先压缩至撞击限位器。这里强调了足够的主动轮距地间隙的重要性，同时也表明将现有的最大悬挂行程提高到 280mm 以上几乎没有任何意义。

### 3.2.5.4 与试验数据对比

使用"勇士"步兵战车作为试验车在 DERA 悬挂测试路面上进行相关试验。车辆特性总体上与 1、2 和 6 轴上安装扭杆弹簧和减振器的模型相同。测量的减振器阻尼特性如图 3.13 所示。建立的模型对车辆性能具有良好的预测能力。图 3.14 比较了模型仿真的结果和随机路面测试结果，结果表明，对于驾驶员与坐在车尾的后排乘员，模型预测的值在高速时略微偏低。较高的速度下，驾驶员比后排乘员有更好的乘坐舒适性；驾驶员所坐的位置离车辆中心更近，而后排乘员坐在车尾，因此更容易受到车辆俯仰的影响。计算机模型与实测结果之间的差异可能是由于计算机模型中没有考虑履带效应所导致的。

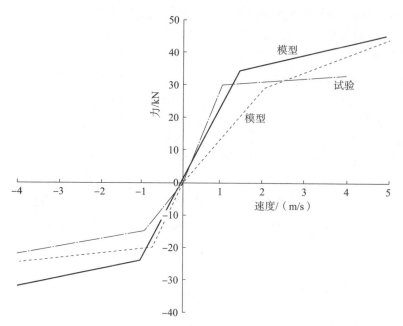

图 3.13 "勇士"步兵战车悬挂系统计算机模型和试验车的减振器特性

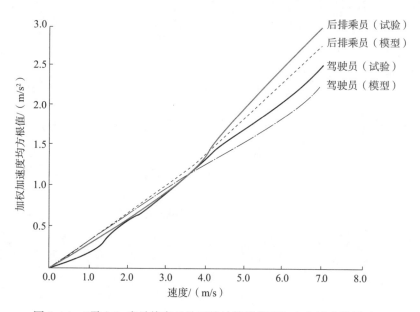

图 3.14 "勇士"步兵战车悬挂系统计算机模型与实车试验结果对比

#### 3.2.5.5 "蝎"式车族的悬挂性能升级

另一项模型分析应用是协助提升"蝎"式系列车辆的悬挂性能。用于此分析的模型与"勇士"步兵战车的模型非常相似,并且它还包含了完整的履带模型。变量参数为:6个减振器设置(相关阻尼特性见图3.15);将减振器安装在第1、5轴或第1、2、5轴上;将第2、3、4轴的扭杆刚度减小到正常值的一半。这样做维持了俯仰刚度,但将垂向刚度降低了30%。

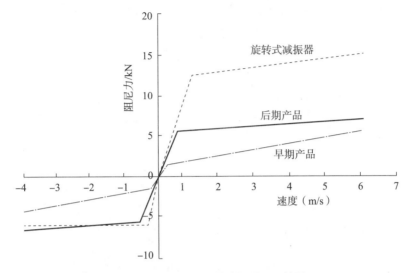

图3.15 "蝎"式坦克减振器阻尼特性

对各种可变参数的组合情形进行了分析。以图3.15所示的阻尼力-速度关系作为阻尼特性,以随机路面作为激励进行模型分析的一些结果如图3.16所

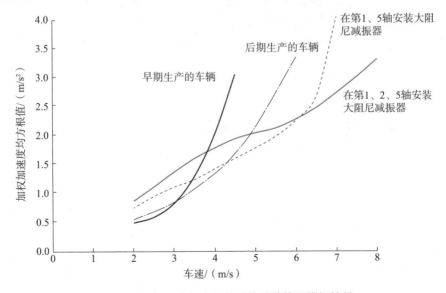

图3.16 "蝎"式坦克悬挂系统的计算机模拟结果

示。以驾驶员座椅处的加权加速度均方根值为 3m/s² 时的车辆行驶速度作对比。早期生产的车辆安装的减振器阻尼力非常小,车速只能达到 4.4m/s。后来生产的车辆安装了阻尼力更高的活塞对置式减振器,车速可以达到 5.7m/s(车速提高了约 30%)。安装阻尼系数更高的旋转式减振器,车速可以达到 6.7m/s。在第 2 轴上安装减振器可以将车速提高到约 7.5m/s,但代价是车速低于约 6m/s 时的车体垂向加速度更高。

该模型后来用于指导改进"蝎"式坦克的被动悬挂。将其乘坐舒适性与装有主动悬挂系统的"蝎"式坦克进行比较(见第 4 章)。

### 3.2.6 "挑战者"悬挂试验车的乘坐舒适性试验

在一辆早期的"挑战者"悬挂试验车上进行了一系列的乘坐舒适性试验,包括随机和正弦波混凝土道路试验以及坡道试验,主要研究不同阻尼阀特性的影响。安装了传感器测量驾驶员座椅和重心处的垂向加速度、俯仰角和车速。车长、炮手和装填手大致位于车辆中心位置。图 3.17 是以 8.5m/s 的车速在随机路面行驶的"挑战者"坦克。注意履带如何约束最前负重轮的反弹运动。

图 3.17 "挑战者"坦克在随机路面以 8.5m/s 的速度行驶测试悬挂性能
(资料来源:由英国国防部提供)

图 3.18 是在 7m 正弦波路面行驶时的俯仰角峰-峰值,并给出了一个典型的近临界阻尼响应。在 30% 的坡道上行驶时,驾驶员座椅处的加速度达到峰值的车速约为 11.3m/s,由于较高的阻尼和足够的诱导轮距地高度,才可以达到如此高的车速。

图 3.19 是在随机路面行驶时的加权加速度均方根值,采用了 BS 6841 标准中的加权滤波器。由于车辆的俯仰运动,驾驶员承受的加速度比车辆中心处的高,车速为 9.2m/s 时达到 3.35m/s²。曲线中的"驼峰"大约处于 6m/s,行驶的路面为 6m 波长的正弦路,路面激励正好对应俯仰共振频率(约 1Hz)。当车辆中心处的加速度均方根在车速为 9.2m/s 时达到最大值 2.5m/s²。峰值因子没有超过 5,表明悬挂系统没有受到使限位器遭受撞击的冲击性激励。因

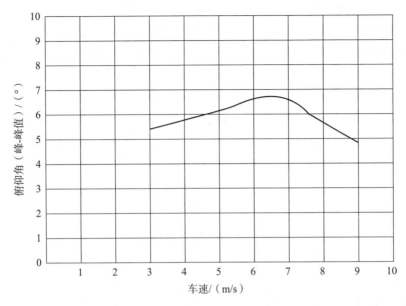

图 3.18 "挑战者"坦克悬挂测试车在 7m 长波正弦路面的俯仰振动响应

此,无需使用加速度的四分之一次方根值(RMQ)进行评价。驾驶员及车辆重心处的振动剂量值(VDV)都低于 $15m/s^{1.75}$。振动剂量值(VDV)实际上不适用于短期暴露(车速为 9m/s 时为 22s),而更适合长期暴露,例如 8h 的工作时长。在随机路面上对各种车辆及驾驶员进行了许多测试,尽管振动剂量值(VDV)高达 $15m/s^{1.75}$,驾驶员通常不介意在同一天进行大量的行车试验。

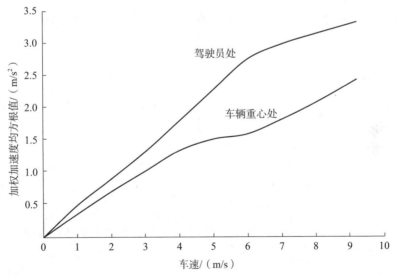

图 3.19 "挑战者"坦克悬挂性能测试车在随机路面行驶时的加权加速度均方根值

图 3.20 显示了以 8.5m/s 的车速在随机路面行驶时，前悬挂的行程分布情况。由于悬挂装置受约束的回弹行程和履带的约束作用，悬挂回弹需要花费较多的时间。车速较低时，在行程 100mm 处的标称静载位置附近分布更加均匀。

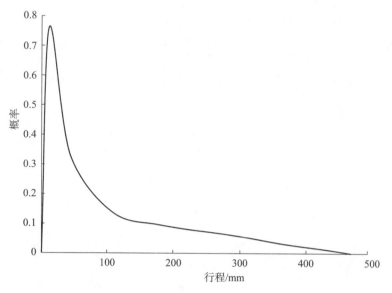

图 3.20　"挑战者"坦克悬挂试验车以 8m/s 的速度在随机路面行驶时最前负重轮的行程

### 3.2.7　制动和加速时的俯仰响应

多轴车辆的俯仰刚度比相同轴距的两轴车辆的俯仰刚度和整体垂向刚度要小。对于等轴距的六轴车辆，俯仰刚度 $K_p$ 的表达式为

$$K_p = 2K_a l^2 (0.5^2 + 0.3^2 + 0.1^2) = 0.7 K_a l^2 = 0.117 K_h l^2 \quad (3.17)$$

对于两轴车辆：

$$K_p = 2K_a l^2 0.5^2 = 0.5 K_a l^2 = 0.25 K_h l^2 \quad (3.18)$$

式中：$K_a$ 为车轴悬挂刚度；$K_h$ 为车辆垂向刚度；$l$ 为车辆轴距。这意味着具有相同垂向刚度和轴距的六轴车辆的俯仰刚度低于两轴车辆俯仰刚度的一半。图 3.21 显示了整体垂向刚度和轴距相同的车辆具有不同车轴数时的相对刚度。对于悬挂弹簧连续分布的车辆，其相对俯仰刚度趋于极限值 0.33。

对于履带车辆，由于履带作用在主动轮和诱导轮上的垂直分力，有效俯仰刚度会进一步降低。图 3.22 描述了主动轮前置型履带车辆在制动过程中作用于车体上的力和力矩。

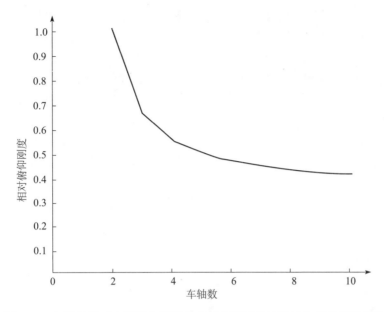

图 3.21 相同整体垂向刚度和轴距的车辆有不同车轴数时的相对俯仰刚度

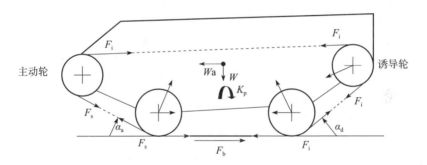

图 3.22 履带车辆制动时的受力情况

图 3.22 中 $F_s$ 为主动轮至地面之间的履带受力，$F_b$ 为制动力，$F_i$ 是上部履带以及绕过诱导轮至地面这一段履带的受力，$W$[①] 为车辆质量，$x$ 为减速度（单位为 $g$），$K_p$ 为俯仰刚度，$\theta$ 为俯仰角，$\alpha_a$ 为接近角，$\alpha_d$ 为离去角。这些参数通过以下公式关联：

$$F_b = F_s - F_i \qquad (3.19)$$

$$F_b = W a_x \qquad (3.20)$$

当扭矩施加到主动轮上时，主动轮两侧的履带受力与进入和离开主动轮的这段履带的相对线性刚度成反比；反过来，相对刚度与该段履带的相对有效长度

---

① 原书此处为 $M$ 有误，改为 $W$。——译者

成反比。对于主动轮前置型履带车辆,有效长度取为:①从主动轮至第二负重轮;②从主动轮顶部绕过诱导轮至倒数第二个负重轮。"蝎"式坦克的刚度比为 4.2∶1(主动轮至地面与主动轮绕过诱导轮至地面这两段长度的比值)。

将力矩和分力输入到电子表格中,并针对不同的减速度值求解俯仰角。图 3.23 显示了"蝎"式坦克的正常前驱配置和假定后驱配置的结果对比。当最后负重轮离地时,俯仰刚度减小,导致俯仰角发生阶跃性变化。采用后驱配置时,俯仰角略有增大。图 3.24 是"蝎"式坦克模拟紧急制动时的俯仰状态。减速度只要达到 $0.5g$ 以上,最后的负重轮就会离开路面,而主动轮几乎与路面触及。图 3.24 所示的俯仰角约为 $10°$,与图 3.23 中预测的值基本一致。

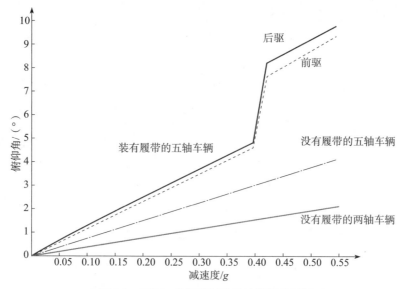

图 3.23 "蝎"式坦克制动时的俯仰角预测

图 3.24 "蝎"式坦克以 $0.5g$ 的减速度制动

(来源:由英国国防部提供)

图 3.25 显示了前驱型和后驱型履带车辆主动轮两侧的履带受力。对于前驱型履带车辆，随着减速度的增大，上部履带的受力相对于预紧力非常缓慢地降低；从主动轮到地面这一段履带的张力增加非常快。对于后驱型履带车辆，从主动轮到地面这一段履带的张力随着减速度的增大而迅速下降，直到它降到0，即预紧力完全消失。上部履带的张力先非常缓慢地增大，当主动轮至地面这段履带的张力消失后，上部履带的张力迅速增大。

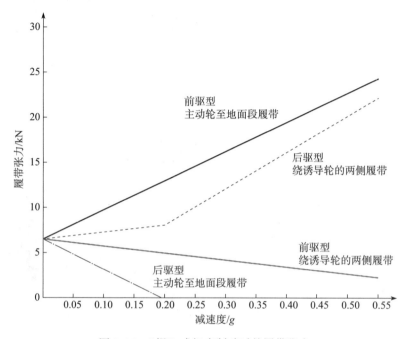

图 3.25 "蝎"式坦克制动时的履带张力

图 3.26 是"挑战者"在制动时的俯仰响应。由于较长的轴距和相对较大的俯仰刚度，俯仰角明显小于"蝎"式坦克的。图中还显示了在第 1 章中提及的两级悬挂的俯仰响应，俯仰角减小约 58%。

### 3.2.7.1 补偿式诱导轮

补偿式诱导轮如图 3.27 所示，可以用于减小或消除制动时车头下探。诱导轮在摆动连杆上承载，并通过连杆与平衡肘上的曲柄连接。作用在诱导轮上的履带制动力是通过连杆传递至曲柄，从而传递到地面。最前负重轮向上运动也会使诱导轮向前伸，从而使松弛的履带张紧。另一个优点是减少或消除由最前负重轮和最后负重轮下的履带张力的卸载。履带张紧装置，既可以采用螺旋机构，也可以采用液压作动器，并入连杆即可。补偿式诱导轮已被广泛应用在美国的主战坦克上，包括"艾布拉姆斯"（Abrams）坦克。

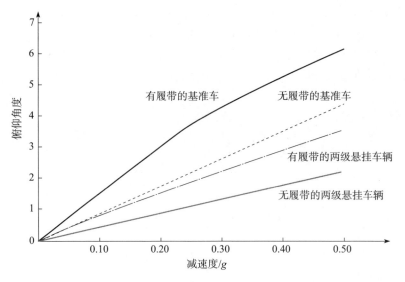

图 3.26　安装单级悬挂和两级悬挂装置的"挑战者"坦克在制动时的俯仰角度

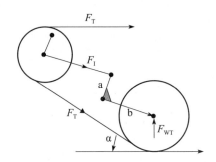

图 3.27　车辆制动时补偿式诱导轮的作用力

用于前驱型履带车辆的补偿系统已有相关讨论。通过简单的齿轮传动,齿轮箱体可以转动并且通过连杆连接到最前负重轮的平衡肘上。也可以采用周转齿轮传动方案,将连杆连接到行星齿轮架。从已有的信息看,这些方案还没有实际应用。

考虑图 3.27,并且假设连杆正好将绕过诱导轮的履带夹角平分,并且与平衡肘平行,可以得到

$$2F_T \cos \frac{\alpha}{2} = F_L \tag{3.21}$$

式中:$F_L$ 为连杆的受力;$F_T$ 为履带张力;$\alpha$ 为接近角。平衡肘枢轴上力矩为

$$F_{WT} \cos \frac{\alpha}{2} b = 2\cos \frac{\alpha}{2} F_T a \tag{3.22}$$

式中:$F_{WT}$ 为载荷转移力;$a$ 为曲柄的长度;$b$ 为平衡肘的长度。假设最前负

重轮和最后负重轮承载的重力：

$$F_{WT} = Wa_x \frac{h}{l}$$

式中：$W$ 为车辆的质量；$a_x$ 为车辆行驶的纵向减速度；$h$ 为车辆重心的高度；$l$ 为车辆轴距。对于后驱型履带车辆，制动力 $F_b$[①] 的计算式为

$$F_b = Wa_x \tag{3.23}$$

代入式（3.22），得

$$Wa_x \frac{h}{l} \cos\frac{\alpha}{2} b = 2\cos\frac{\alpha}{2} Wa_x a \tag{3.24}$$

$$\frac{a}{b} = \frac{h}{2l} \tag{3.25}$$

### 3.2.8 悬置式诱导轮试验车辆（Sprung Idler Test Vehicle，SITV）

履带车辆在崎岖地面上的行驶性能通常受到诱导轮（或主动轮）触地的限制。为了研究这种影响，研制了一辆试验车，采用了悬置式诱导轮和补偿连杆。悬置式诱导轮可以降低撞击地面的影响，补偿式诱导轮可以防止制动时车头下探，并且减小悬挂运动引起的履带张力变化。悬置式诱导轮有利于在设置接近角和主动轮距地高度方面给予更大的自由度。

"蝎"式坦克设置的倒挡允许车辆的倒车速度与前进速度一样快。因此，对一辆"蝎"式坦克进行了改装，在车辆后端设置了驾驶舱。设计并安装了带补偿连杆的悬置式诱导轮。悬置式诱导轮作用在由阻尼器和气体弹簧组成的执行器上。该阻尼器具有很高的压缩力和很低的反弹力，有利于使其快速复位。前悬挂采用了油气悬挂装置。其他负重轮的悬挂安装了高力值的旋转阻尼器，扭杆保持原车标准件不变。设计的补偿连杆是为了在制动时使车头下探接近零。车辆的总体布局如图 3.28 所示。图 3.29 显示了悬置式诱导轮及补偿连杆。

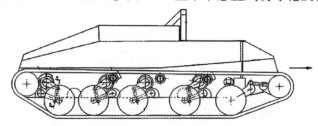

图 3.28　悬置式诱导轮试验车的总体布置
（资料来源：由英国国防部提供）

---

[①] 原书此处为 $F_T$ 有误，改为 $F_b$。——译者

图 3.29 悬置式诱导轮及补偿连杆
（资料来源：由英国国防部提供）

采用计算机模拟的方法，得出了悬置式诱导轮和悬挂装置的适用特性。该模型包括补偿式诱导轮的连杆机构和整个履带的模型，即模型中履带绕着所有负重轮、诱导轮和主动轮运行。与标准的"蝎"式坦克相比，模型的履带张力变化幅度要小得多。在7m/s时，悬置式诱导轮测试车辆（SITV）履带张力变化仅为1.8kN（均方根值），而实际的"蝎"式坦克为9.5kN（均方根值）。

车辆在30%和40%坡道上和随机路面上进行了试验。在30%的坡道上，车速达到9.0m/s时，驾驶员座椅上的加速度达到2.5$g$的峰值（图3.30）。在这一坡道上，除了"挑战者"坦克的车速达到了11.3m/s，悬置式诱导轮试验车辆（SITV）比任何其他试验车辆都要快。然而，在40%的坡道上，悬置式诱导轮试验车辆（SITV）比"挑战者"坦克更快。在随机路面上，加权加速度均方根值为3.0m/$s^2$时，该车辆达到了8.5m/s的速度，该值与"挑战者"坦克悬挂试验车的相近。图3.31是车速为8.5m/s时，悬挂处于全压状态，履带没有呈现出松弛的迹象。在紧急制动的情况下，车头略有抬升。

图 3.30 悬置式诱导轮试验车辆（SITV）以8.5m/s的速度驶上30%的坡道
（资料来源：由英国国防部提供）

第3章 履带车辆悬挂性能：建模和测试　85

图 3.31　悬置式诱导轮测试车辆（SITV）以 8.5m/s 的速度在随机路面行驶
（资料来源：由英国国防部提供）

# 参考文献

[1] Griffin, M. J. (1998). A comparison of standardised methods for predicting the hazards of whole-body vibration and repeated shocks. Journal of Sound and Vibration, 215 (4), 883-914.

[2] Griffin, M. J. (1990). Handbook of Human Vibration. Academic Press.

[3] Ahlvin, R. B. and Haley, P. W. (1992). NATO Reference Mobility Model Edition II, NRMM II Users Guide Technical Report GL-92-19.

[4] Creighton, D. C., McKinley, G. B., Jones, R. A. and Ahlvin, R. B. (2009). Enhanced Vehicle Dynamics Module ERDC/GSL TR-09-8.

[5] Pradko, F. and Lee, R. A, (1966). Vibration Comfort Criteria, SAE Paper 660139.

[6] Lee, R. A. and Pradko, F. (1968). Analytical Analysis of Human Vibration, SAE Paper 680091.

[7] Jones, R. A. (1999). Correlation between the Absorbed Power and ISO Acceleration Measures of Ride Quality. Memorandum for Record, WES.

[8] Murphy, N. R. (1984). Further development in ride quality assessment. In Proceedings of 8th ISTVS International Conference, Cambridge.

[9] Scarlett, A. J., Price, J. S. and Stayner, R. M. (2003). Whole-body vibration: evaluation of emission and exposure levels arising from farm tractors. In Proceedings of the 9th ISTVS European Conference, Harper Adams.

[10] Alem, N. (2005). Application of the new ISO 2631-5 to health hazard assessment of repeated shocks in U.S. Army vehicles. Industrial Health, 43 (3), 403-412.

# 第 4 章

# 可控悬挂

可控悬挂通常分为：①悬挂高度和姿态控制（俯仰和侧倾角度）；②主动变阻尼控制，通常称为半主动悬挂；③主动悬挂。

## 4.1 高度和姿态控制

### 4.1.1 履带车辆

装甲车辆很少需要使用高度控制来补偿载荷的变化，因为装甲车辆满载与空载时的质量之比通常较小。然而，车体高度和姿态的调节能力提供了潜在的优势，尤其是对于主战坦克而言。降低悬挂高度就减小了车辆的轮廓面积，可以更好地实现伪装。在山丘（或土包）后射击有助于隐蔽，但要求将火炮压低。压低火炮身管就会抬起炮尾，需要抬高炮塔顶部，同时也就增大了车辆的轮廓面。具有调控车辆俯仰角度的能力后，在炮塔里压低火炮的幅度就可以减小。

具有这些特点的一个代表是 MBT-70，它是美国和联邦德国在 20 世纪 60 年代启动的一个联合项目。悬挂装置使用了油气装置，采用布置成 Z 字形的对置活塞（与"勒克莱尔"主战坦克的悬挂装置类似）。该悬挂装置设计成具有两级弹簧特性，中间的四个悬挂装置是被动的。可控悬挂装置的控制盒布置在车辆的两个角落里，通过操纵杆实施姿态控制，并通过单独的操纵杆控制悬挂高度。随着车辆悬挂高度的改变，履带张紧器自动保持合适的张力。当车辆行驶时，控制履带张紧度的阀门被锁定，各个悬挂装置也相互独立。由于开发和生产费用高昂，该项目最终被放弃。

韩国 K2 主战坦克配备了肘内式油气悬挂以及悬挂高度和车体姿态的控制系统。使用悬挂系统抬高和压低火炮的方案在 1967 年服役的瑞典 S 型坦克的基础上又向前迈进了一步。该车无炮塔，炮架刚性地安装在车体上，完全依靠悬挂系统来实现火炮抬高和下压。图 4.1 是火炮下压至最低时的状态。该坦克的油气悬挂装置安装在车体内部，最前和最后悬挂装置通过液压管路对角互连。这些管路中的静液泵在前部和后部悬挂装置之间输送油液，从而改变车辆的俯仰角。滑动转向系统（图 4.2）提供方位角控制。这基本上是一个由静液泵/马达控制的双差速系统，用于正常的转向操纵和瞄准所需的精细控制。此外，该系统还包含了一套离合器/制动器装置，可用于快速改变方向。

图 4.1　瑞典 S 型坦克在火炮下压至最低时的状态

（资料来源：坦克博物馆）

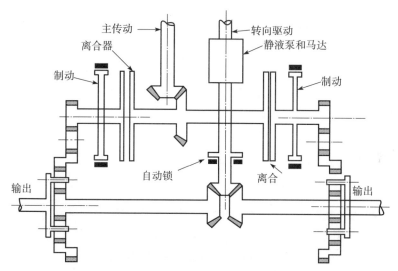

图 4.2　S 型坦克的转向和火炮方位角控制系统

（资料来源：由 R Ogorkiewicz 提供）

### 4.1.2 轮式车辆

法国奈克斯特系统公司（Nexter Systems）AMX 10RC 轻型坦克（图 7.25）配备了可以进行悬挂高度和姿态控制的油气悬挂系统。

对于后勤保障车辆，满载与空载时的车重之比相对较高。悬挂高度控制通常通过空气悬挂来实现，悬挂相对较为柔软，从而提高乘坐舒适性。

## 4.2 主动变阻尼控制（半主动悬挂）

半主动悬挂的设计是为了改善乘坐舒适性，但对姿态变化的影响有限。它们通过改变减振器的阻尼特性来提升悬挂性能，因此对悬挂振动能量仍然完全起耗散作用。所使用的减振器含有快速动作的可变阻尼阀，该阻尼阀在减振器运动的一个循环周期内做出响应。减振器通常通过液压阀实现阻尼力的调控，磁流变减振器也有使用，其优点是响应速度更快。

控制系统通常模拟"天棚"阻尼器的特性，以便降低所有频率范围内的传递率。控制过程可以是连续可变的，也可以在若干固定阻尼水平之间切换，通常采用"开"或"关"两挡控制。半主动悬挂的功率要求非常小，能量仅仅用于改变控制阀的状态设置，成本和复杂性远远低于全主动悬挂。

### 4.2.1 自适应变阻尼

还有一些车辆安装变阻尼悬挂系统，称为自适应阻尼系统，在这些系统中，减振器的阻尼特性以相对较慢的速度发生变化。控制系统通过各种传感器采集输入信号，包括垂向、纵向和横向加速度、侧倾角、悬挂位移和方向盘角度。通过改变减振器的特性以适应不同的路面粗糙度、特殊的驾驶操纵以及驾驶员的偏好。

## 4.3 主动悬挂系统

全主动悬挂可以改善乘坐舒适性和/或减小车体受力后的姿态变化。对于装甲车来说，还可能包括火炮后坐力。主动悬挂系统通常是液压式的，包括作动器、伺服控制阀、压力供应系统、传感器和某种形式的电子控制器。图 4.3 是主动悬挂的示意图。主动悬挂系统通常分为窄带系统（慢主动响应或低频响应）或宽带系统（快速响应或高频响应）。

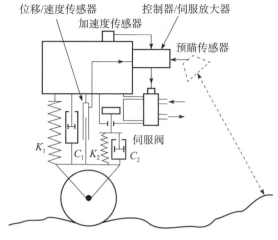

图 4.3 主动悬挂示意图
（资料来源：由英国国防部提供）

在窄带系统中，作动器与弹簧和阻尼器串联安装。弹簧和阻尼器也可以安装在车身和车轮之间，以承载部分或全部车重，并提供一定程度的被动阻尼。系统在 3~5Hz 的低频区域工作，高频输入由被动元件吸收。这种布置方案还可以提供载荷平衡功能。系统通常作用在单个车轮上，有些系统仅在某种模式下产生作用，如主动控制的防倾杆。这些系统安装在一些道路车辆和试验性的后勤保障车辆上。

在宽带系统中，执行器直接作用于车体和非簧载质量之间。弹簧用来承载静态车重和降低功耗。系统的工作频率高于车轮的跳动频率。在主动悬挂示意图（图 4.3）中，宽带系统的 $K_2$ 和 $C_2$ 不存在或取值较高。由于功耗的增加，宽带系统不太适合使用主动执行器进行载荷平衡控制。将载荷平衡纳入并列的弹簧中会更好。

图 4.3 中的预瞄传感器用于扫描地面轮廓和/或搜索可能引起悬挂撞击限位装置的大尺寸障碍物。这种类型的悬挂系统鲜有制造，计算机仿真模拟的相关工作也较少见。

主动悬挂的研究可追溯到很多年前[1]。发表了许多关于主动和半主动悬挂的论文和综述。例如，Sharp 和 Crolla[2]（1987 年）罗列了 62 份参考文献，Claar 和 Vogel[3]（1989 年）罗列了 87 篇参考文献；之后还有许多论文得到了发表。论文中主要针对四分之一车悬挂模型进行理论性的计算机建模研究，通常会考虑在给定悬挂位移条件下的车身加速度加权均方根值与车轮动载荷均方根值之间的权衡。车轮动载荷均方根值与轮式车辆的路面附着能力有关。这些研究工作的复杂程度不一，从理想化的系统到考虑非线性因素（时间延迟、摩擦等）在内的更加真实的系统，得出了一系列的结论。一些结论表明，与优化的被动悬挂相比，主动悬挂优点非常显著，而另一些结论则表明优点微不足道。这些研究基本表明，与窄带悬挂系统相比，宽带悬挂系统仅略微提升了乘坐舒适性；半主动悬挂系统尽管没有车体姿态控制功能，但是可以达到与主动悬挂系统几乎相同的乘坐舒适性。

虽然已经进行了一些主动悬挂的实验室研究，并建造了一些试验车辆[4-5]，但是安装了某种形式主动悬挂系统的车辆产品数量仍然很少。其中一个例子是梅塞德斯-奔驰，旗下的一些汽车配备了低频窄带主动悬挂系统[6]，在每个车轮处的悬挂装置上将液压作动器与螺旋弹簧串联使用。许多传感器、电子控制系统和电磁阀用于控制液压油流到作动器，以减小车体侧倾和俯仰。主动防倾杆是更常见的抗侧倾方式。

## 4.4 DERA 主动悬挂试验车辆

### 4.4.1 窄带主动悬挂系统

DERA 建造了许多试验车辆，并对各种主动和半主动悬挂系统进行了实验室试验和计算机建模研究。第一辆试验车改装于一辆在 1965 年建造的 FV 432 装甲输送车。这项工作是由道梯·罗托尔（Dowey Rotol）主持的。如图 4.4 所示，车辆四个角上正常的扭杆被肘内式液力弹簧装置所代替，液压作动器与液力弹簧串联连接在平衡肘枢轴上，因此该系统作为低频主动悬挂运行。然而，只使用了一个传感器，并采取直径 75mm、宽 19mm 的钢制小飞轮形式，安装在一个紧凑的充满油的壳体内。壳体又安装在枢轴上，通过控制一对电控触点，对一对电液阀进行打开或关闭控制。壳体中心安装了一个弹簧。该系统的工作原理与惯性参考俯仰控制系统类似。

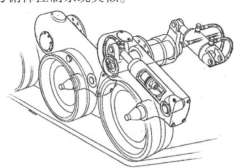

图 4.4　道梯·罗托尔在 FV432 上安装的肘内式液力弹簧悬挂单位和作动器

（资料来源：由英国国防部提供）

计算机模拟仿真研究表明，当车辆以不同的速度在正弦路面上行驶时，与同型的被动悬挂系统相比，所有频率下的俯仰角都要低得多，俯仰共振几乎完全被抑制。据称，该系统性能良好，大大降低了越野行驶和制动时的车体俯仰。而标准 FV 432 装甲输送车的摩擦阻尼效果非常差。目前还不清楚静态俯仰角是如何建立的，因为该系统似乎缺乏静态稳定性。假如装有飞轮的壳体经过配重使重心低于枢轴，俯仰振动的惯性基准应该是可行的。但是，这里使用的执行机构体积较大，不但增加了质量并且消耗了相当大的功率（预计最高 15kW）。该系统对大尺寸障碍物的响应能力也需要考虑。

尽管主动悬挂系统的电液伺服阀在微处理器的控制下具有更大潜在性能的可能性，但是液压-机械系统具有结构简单、成本低的特点。这种系统在 20 世纪 70 年代由 Automotive Products（AP，一家美国公司）生产，图 4.5 是其原理示意图。该系统基本上属于慢主动悬挂系统，通过液压滑阀为作动器供给油液，作动器与弹簧和阻尼器串联。液压滑阀通过连杆与车轮连接，连杆上设计了"质量块-弹簧-阻尼器"模型，这是为了模拟车辆悬挂的动态特性（共振频率和阻尼系数）。如果匹配良好，则阀门动作很少，功耗最小。如果有垂向力施加到车体质量 $M_B$，阀门打开，使车体尽快恢复至静态位置。从图 4.5 可以看出，良好匹配的要求是：

$$\frac{K_B}{M_B} = \frac{K_M}{M_M}$$

$$C_M = C_B \left( \frac{K_M M_M}{K_B M_B} \right)^{0.5} \tag{4.1}$$

式中：$K_B$、$M_B$ 和 $C_B$ 为悬挂主弹簧刚度、车体质量和主悬挂阻尼系数；而 $K_M$、$M_M$ 和 $C_M$ 为液压滑阀控制模型的弹簧刚度、簧载质量和阻尼系数。

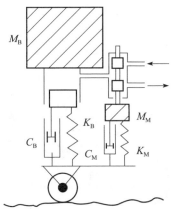

图 4.5　AP 主动悬挂系统图
（资料来源：由英国国防部提供）

图4.6更详细地展示了控制阀，其中质量块安装在摆动臂上。质量块的重心垂向偏移，以改善对横向和纵向力的响应。该系统最初是用来控制车辆的侧倾和俯仰，已成功在许多试验车辆上安装。

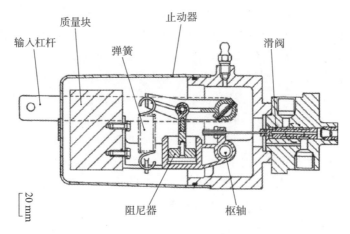

图 4.6　AP 控制阀

（资料来源：由英国国防部提供）

#### 4.4.1.1　轮式车辆

安装在图 4.7 所示的悬挂试验车上的系统是被动悬挂装置，采用的是油气

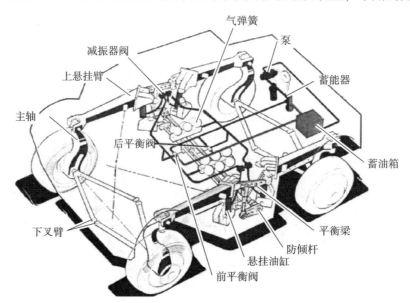

图 4.7　安装被动悬挂的悬挂试验车辆

（资料来源：由英国国防部提供）

悬挂方案，由独立安装的作动器和气弹簧组成。前后悬挂交叉连接，以提供零侧倾刚度。只使用了一根防倾杆，由安装在前悬挂和后悬挂之间的平衡梁操控。这种布置方案使得前悬挂和后悬挂之间的整体侧倾刚度和分配便于进行调整。整个系统还实现了零翘曲刚度。几何形状基本上是双横臂结构，悬挂上臂纵向安装在车轮上方，但位于斜轴上。

主动悬挂系统的液压管路如图 4.8 所示，前悬挂采用了单动作执行器，后悬挂采用双动作执行器。前悬挂执行器通过液压管路与对侧的后悬挂作动器互联，因此前悬挂作动器负荷的增加会降低对角作动器的负荷。后悬挂执行器的上侧与慢响应的悬挂高度控制阀交叉连接。总体布置方案同样实现了零翘曲刚度，但俯仰刚度有所增加。

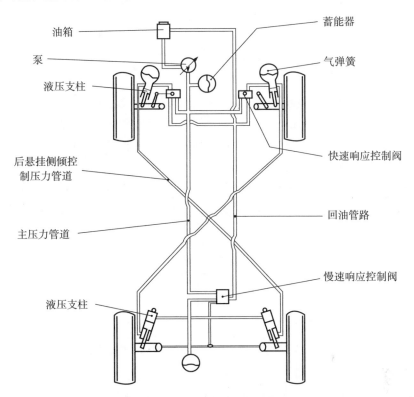

图 4.8 安装在悬挂试验车辆上的主动悬挂
(资料来源：由英国国防部提供)

前悬挂执行器与 AP 公司的主动控制阀连接。主动控制完全消除了转向时的侧倾和制动时的俯仰，操控能力也得到了明显的改善，并有轻微的转向不足特征。而被动悬挂装置在横向加速度较大时由于侧倾的影响往往会转向过度。主动悬挂控制不影响行驶平顺性。

#### 4.4.1.2 履带车辆

AP 公司的系统也安装在"蝎"式坦克上控制车身的俯仰,特别是在制动时。为此,将液压作动器安装在最前负重轮和最后负重轮的平衡肘上。作动器通过阻尼阀与气弹簧连接。安装了一个高压液压泵,由发动机驱动。标准的低阻尼减振器被拆除。一个标准的车辆 AP 控制阀安装在车辆的端部,并与最前负重轮和最后负重轮的平衡肘连接,车辆每一端的控制阀为该端的一对作动器供油。前控制阀的致动连杆设计了一个机构,当车辆接近大障碍物时,驾驶员可以抬起车辆的前部。

制动点头被完全消除(与图 3.24 相比),由于增大了阻尼,越野行驶性能得到了大幅改善。手动操控悬挂很受驾驶员的欢迎。由于滑阀操作力相对较低,所以控制阀对油污很敏感,这就要求对液压油进行精细过滤。

#### 4.4.1.3 实验室试验台

该系统的性能也在实验室设备上进行了测试。试验台由油气悬挂装置、负重轮及簧载质量块组成。一个液压作动器向负重轮输入模拟路面激励。另一个液压作动器可以直接向簧载质量施加力,以模拟载荷转移。图 4.9 比较了在主动和被动模式下(即有、无控制阀连接)模拟随机路面输入时簧载质量的加速度功率谱密度(PSD)响应。在功耗最小的情况下展示了良好的性能匹配。图 4.9 还显示了对阶跃力输入的簧载质量响应,悬挂行程迅速得到恢复。

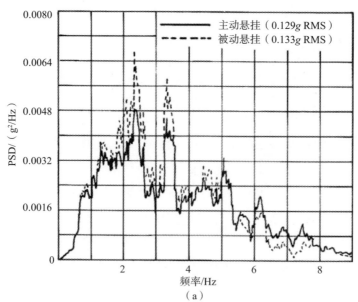

(a)

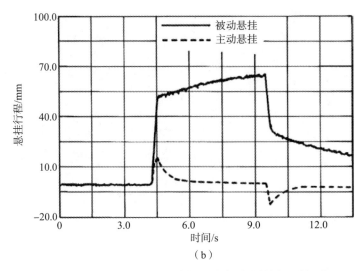

图 4.9 安装了 AP 控制阀的单轮试验台测试结果：随机路面
激励下车体加速度的 PSD 及对阶跃力输入的响应
(a) 车体加速度；(b) 对车体阶跃力输入的响应。
(资料来源：由英国国防部提供)

## 4.4.2 宽带主动悬挂系统

DERA 还对宽带主动悬挂进行了研究。一辆"蝎"式坦克试验车由莲花（Lotus）工程公司改装，安装了已在许多道路车辆上进行试验的主动悬挂控制系统。在车辆（图 4.10）最前、最后四个负重轮的悬挂装置上安装了双动作执行器，还安装了发动机驱动的恒压泵、四个伺服阀和刚度减半的扭杆，图 4.11 是该系统的示意图。该控制系统基本上是一个模态控制系统，即可以在软件中独立地设定垂向、俯仰和侧倾固有频率及阻尼系数。基本的传感器包括用于执行器出力和悬挂相对速度测量的传感器。纵向和横向加速度传感器用于车辆姿态控制。初步建模分析表明，在崎岖路面上行驶时能耗较高。还需要指出的是，控制系统工作中很大一部分完全是耗散振动能量的，即起阻尼作用。因此，决定安装控制阀产生阻尼作用以代替执行器的阻尼动作，从而不需要来自压力供应系统的流量。主动悬挂系统工作过程中，执行器起耗散（阻尼）作用的占比较高，这一个观察得到的结论与计算机建模分析的结论非常一致，这也就解释了为什么主动变阻尼悬挂系统（半主动悬挂系统）可以达到几乎与全主动悬挂系统相媲美的效果。

图 4.10 装有莲花工程公司主动悬挂系统的"蝎"式坦克试验车
(资料来源：由英国国防部提供)

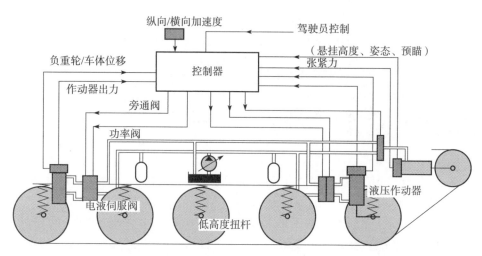

图 4.11 莲花公司主动悬挂系统在"蝎"式坦克试验车上的布置原理图
(资料来源：由英国国防部提供)

另一辆"蝎"式坦克装备了升级的被动悬挂，与主动悬挂车辆进行对比。在最前、最后的四个负重轮的悬挂装置上安装了大阻尼的旋转式减振器，并在中间负重轮的悬挂装置上安装了刚度减半的扭杆。最前、最后四个负重轮的悬挂装置仍保留了标准刚度的扭杆，以控制姿态的变化。减振器的阻尼特性是通过计算机模拟仿真来确定的。本来通过在前部的第二轴上安装减振器可以进一步改善性能（图 3.16）。然而，为了与主动悬挂车辆仅在最前、最后的四个悬挂装置上布置作动器保持一致，决定仅在顶角的四个悬挂装置安装减振器。

实车试验在水泥路面开展。初步的试验结果是令人失望的，主动悬挂车辆在随机路面上行驶时的车体垂向加速度比被动悬挂车辆的还要高。主动悬挂车辆的姿态控制效果不错，在紧急制动时俯仰角大幅减小。虽然软件中确定的垂向共振频率为 1.0Hz，但分析表明与被动悬挂车辆的共振频率基本相同，大约为 1.7Hz。在诱导轮上对履带的张力进行了测量估算，结果表明履带张力的变化幅度非常大。控制系统依据测量或估算作用于车体上的力来运行控制策略，但是对作用于主动轮和诱导轮上的履带张紧力没有进行任何考虑。修改后的控制系统软件对基于履带张紧力的悬挂行程、履带弹性以及履带的接近角、离去角进行了考虑。控制系统经过改进后，乘坐舒适性略优于被动悬挂车辆，驾驶员座椅处的加权加速度均方根值如图 4.12 所示。垂向共振频率仍为约 1.5Hz。大约 80% 的控制作用是通过旁通阀实现的，即该系统具有半主动悬挂的许多特性。姿态控制仍然效果显著，但坡道试验的性能比较差。

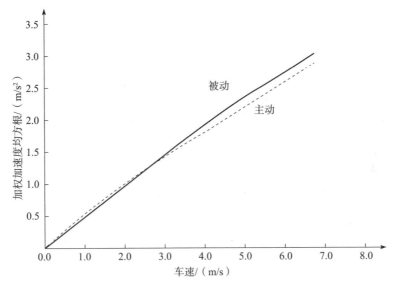

图 4.12　莲花公司主动悬挂测试车辆与被动悬挂升级后的"蝎"式坦克的乘坐舒适性对比

然后，车辆安装了主动控制的诱导轮，试图减少来自履带系统的输入干扰。其思路是，在设定初始的履带预紧力后，当悬挂位移发生变化时，使绕主动轮、诱导轮和负重轮的履带总周长保持不变。当然，还要考虑主动轮的驱动力。进一步的试验表明，乘坐舒适性没有任何提高。诱导轮上的载荷变化仍然很大，可能是由主动轮驱动力引起的。垂向共振频率仍为 1.5Hz 左右。进一步对控制系统软件和其他传感器进行更改可能会改善乘坐舒适性，但考虑到改进工作的成本和复杂性，决定放弃该项目。

## 4.5 结 论

对主动悬挂的研究表明,在轮式和履带车辆的车体姿态控制方面是有益的,尽管如第 3 章所述,对主动轮后置的履带车辆进行俯仰控制的最简单方法是使用补偿式诱导轮。主动悬挂在坡道试验中性能较差,因为悬挂试图"吸收"坡道引起的冲击,从而容易引起悬挂撞击行程末端的限位装置。因此,必须保持一定的被动阻尼,特别是前悬挂,除非采用某种形式的预瞄控制。考虑到额外的成本和复杂性,"蝎"式坦克的宽带主动悬挂系统的乘坐舒适性改善较为有限。轴距滤波器的影响往往会限制任何所能取得的乘坐舒适性提升。

## 参考文献

[1] Panzer, M. (1960). The theory and synthesis of active suspension systems, PhD thesis, University of Michigan.

[2] Sharp, R. S. and Crolla, D. A. (1987). Road vehicle suspension design-a review. Vehicle System Dynamics, 16 (3), 167-192.

[3] Claar, P. W. and Vogel, J. M. (1989). A review of active suspension control for on and off-highway vehicles. SAE Paper 892482.

[4] Crolla, D. A., Pitcher, R. H. and Lines, J. A. (1987). Active suspension control for an off-road vehicle. Proceedings of the Institution of Mechanical Engineers, 201 (D1), 1-10.

[5] Williams, R. A., Best, A. and Crawford, I. L, (1993). Refined low frequency active suspension. International Conference on Vehicle Ride and Handling, Proceedings of the Institution of Mechanical Engineers, C466/028, 285-300.

[6] Merker, T., Girres, G. and Thriemer, O. (2002). Active body control (ABC): the DaimlerChrysler active suspension and damping system. SAE 2002-21-0054.

# 第 5 章

# 轮式车辆传动系统和悬挂

轮式越野车辆的传动系统和悬挂系统相比履带车辆要变化更多。基本的传动系统通常分为 H 型和 I 型，如图 5.1 所示。正如本章所述，H 型传动主要用于上一代轮式装甲车辆。

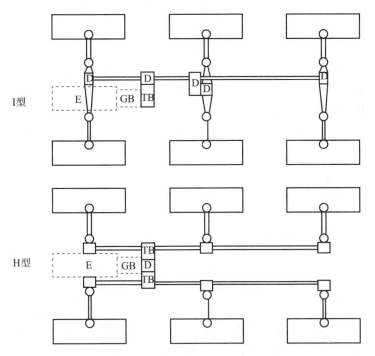

E—发动机；GB—变速箱；TB—传动箱；d—差速器。

图 5.1　I 型和 H 型传动系统布局图

（资料来源：由英国国防部提供）

现在，Ⅰ型传动几乎普遍用于后勤保障车辆和装甲车辆，并且尽可能使用现有常备的通用零部件。本章大致分为非装甲车辆和装甲车辆来对轮式车辆传动系统的各种设计进行描述。

## 5.1 非装甲车辆

非装甲车辆包括后勤车辆、军用车辆、土方运输车辆和娱乐运动车辆。大型矿用卡车的车辆总重为1~600t。

固定梁式车轴由于结构简单、成本较低和可靠性高，通常主要用于军用后勤车辆高。此外，与独立悬挂相比，转向轴上的同步万向节不必同时迎合转向和悬挂的运动，从而可以增大锁止角（转向轮的最大偏转角度），提高操纵性能。负载平台通常就在车轮上方，因此它们对空间的要求不成问题，距地高度一般也较为充足，尤其是当悬挂行程接近限位末端时。钢板弹簧由于结构简单、成本低廉，是物资运输卡车上最常用的悬挂弹性元件。

不同类型的设计将在以下章节进行阐述。

### 5.1.1 Leyland DAF DROPS 8×6 后勤运输车

该型车辆安装有可拆卸的机架式卸货和装载系统（Demountable Rack Offload and Pickup System，DROPS），此系统有一个液压操控的枢转臂，该枢转臂钩在机架的前面，能够快速装载或卸载车上物资。车辆传动系统为8×6配置，其中第二轴为非驱动轴。图5.2展示了悬挂系统布局。前两个车轴各使用一对钢板弹簧，后桥共用一对可绕中心转动的钢板弹簧，同样布置在车桥侧

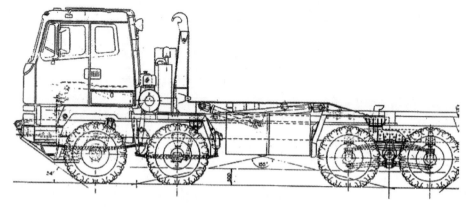

图 5.2　DROPS 总体布局
（资料来源：Leyland 卡车）

面。每一个车轴的纵向位置和扭矩平衡通过一套三连杆机构来保证。前两个车轴安装了筒式减振器,而后轴没有安装减振器。对于大多数使用钢板弹簧的卡车来说,底盘车架有开放的侧导轨,悬挂具有一定的扭转灵活性,有助于车轮在起伏不平的路面上保持与地面接触。将在第 6、8 和 11 章中讨论传动系统对车辆在松软地面上行驶性能的影响以及悬挂结构对乘坐舒适性和横向稳定性的影响。

### 5.1.2　MAN SX 8×8 高机动运输车

该车最大的特点是扭转刚性箱形车架和大行程螺旋弹簧悬挂。车轴下方一对纵向连杆和车轴上方的一对成角度的连杆实现车轴的纵向和横向定位以及扭矩平衡(图 5.3)。

图 5.3　MAN SX 卡车螺旋弹簧后悬挂
(资料来源:由 Rheinmetall man 军用车辆公司提供)

### 5.1.3　Pinzgauer 4×4 和 6×6 轻型卡车

这些车辆最初是由 Steyr-Daimler-Puch 在奥地利设计和生产的,从 1971 年一直到 2000 年都在生产。该车采用 4×4 和 6×6 布局,4×4 车型的整备质量约为 3t,6×6 车型的整备质量约为 4t。Pinzgauer 卡车特殊的地方在于采用了管状大梁式车架,并且所有车轴都采用了摆轴式悬挂,如图 5.4 所示。摆轴式悬挂的缺点是:①在转向时,由于弯道内、外侧轮胎侧向力的差异,较高的侧倾中心会引起"顶升"效应。由于车辆安装有下沉的中央轮毂减速机增加了距地间隙,侧倾中心进一步抬升;②较大的导向臂和车轮外倾(Camber)会影响车辆在起伏道路上转向操纵,但实际上并没有收到操纵性不佳的相关报告。4×4 车型的所有轮轴都使用了螺旋弹簧,而 6×6 车型的后两轴共用一对布置在两侧且可绕中心转动的钢板弹簧。

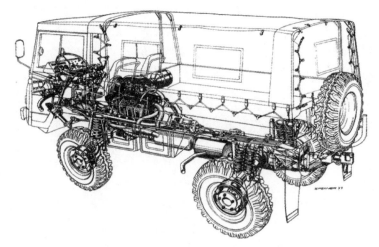

图 5.4　Pinzgauer 4×4 卡车的总体布局
（资料来源：由 MAGNA STEYR Fahrzeugtechnik AG 提供）

另一个特征是车架大梁上的半轴枢转方式，如图 5.5 所示。每个半轴围绕纵向驱动轴的中心线枢转，并有各自的冠状齿轮和小齿轮。这样的布置方案免去了万向节，并且加长了悬挂摆臂的半径。

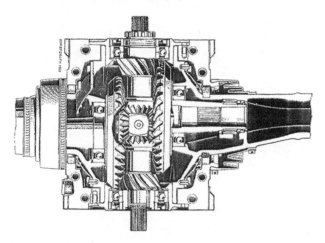

图 5.5　Pinzgauer 主减速器和摆动轴枢轴
（资料来源：由 MAGNA STEYR Fahrzeugtechnik AG 提供）

## 5.1.4　路虎揽胜（Range Rover）

路虎揽胜装有电子控制的空气悬挂系统。空气悬挂有车辆高度控制功能，

其优点是载荷变化后，固有频率保持恒定。空气弹簧的刚度 $K_a$ 定义为

$$K_a = \frac{nA^2P}{V} \tag{5.1}$$

式中：$n$ 为气体的多方指数；$A$ 为空气弹簧的活塞面积；$V$ 为空气弹簧的气体体积；$P$ 为空气弹簧中的气体压强。固有频率的计算公式为

$$f_n = \frac{1}{2\pi}\left(\frac{K_a g}{W}\right)^{0.5} = \frac{1}{2\pi}\left(\frac{nA^2Pg}{VW}\right)^{0.5}$$

$$W = PA \tag{5.2}$$

$$f_n = \frac{1}{2\pi}\left(\frac{nAg}{V}\right)^{0.5} \text{①} \tag{5.3}$$

式中：$W$ 为弹簧支撑的质量；$f_n$ 为固有频率。在高度控制不变的条件下，$V$ 保持不变，因此 $f_n$ 保持不变。

路虎揽胜的悬挂配置为麦弗逊式前悬挂和双横臂式后悬挂。每个车轮的悬挂都安装一个悬挂高度传感器，以这四个高度传感器作为输入信号，由电控阀对悬挂高度进行控制。通过跨接阀确保车辆的载荷由各悬挂共享分担，并防止某一对角的车轮成比例地承载更多的载荷。

驾驶员可以手动选择三个悬挂高度中的一个：

（1）道路行驶：正常工作高度。

（2）越野行驶：车辆升高 55mm。

（3）上下车：车辆降低 55mm，方便上下车。

此外，还有两个自动设定的高度：一种是在车速较高时降低车辆高度以提高行驶稳定性；另一种是如果探测到车辆底盘触地，将车辆高度提升到最大值。

自适应阻尼系统是该车的一项可选配置，它可以连续调节阻尼在极软和极硬之间变化。控制系统利用三个加速度传感器的输入信号来检测车辆的垂向、侧倾和俯仰运动，利用四个悬挂高度传感器来检测路面的凹凸不平。控制系统调整阻尼在乘坐舒适性和操纵稳定性之间取得最佳折中。阻尼力由一个螺线管对阻尼孔大小进行控制来实现。

该车还装备了前后主动防倾杆，这是一套由液压驱动的旋转滚珠丝杠作动器，滚珠丝杠机构由一个双向作用的液压活塞来操作。控制系统使用两个横向加速度传感器来感应车辆的横向加速度，与方向盘角度和车速共同作为控制输入。电磁阀将作动器的液压流量调节到规定的压力，从而调节扭矩。扭矩决定

---

① 原书公式（5.3）为 $f_n = \left(\frac{nA}{V}\right)^{0.5}$，有误，改为 $f_n = \frac{1}{2\pi}\left(\frac{nAg}{V}\right)^{0.5}$。——译者

了防倾杆的扭转角度,从而决定了侧倾的降低程度。如果车辆正在越野路面行驶,则减少侧倾补偿的程度。

### 5.1.5 阿尔维斯公司的"壮汉"两栖卡车(Alvis Stalwart)

"壮汉"两栖卡车于1966年在英国陆军开始服役,并于1985年退役。这款H型6×6车辆是根据阿尔维斯公司的"萨拉森"轮式装甲输送车(Alvis Saracen)和"萨拉丁"轮式装甲车(Saladin)设计的,总体布局如图5.6所示。该车同一侧的所有车轮都以相同的速度转动。这种固连(等速)驱动的结果是在车辆转弯和附加载荷作用于传动部件时会引起车轮之间的"较劲"。两侧之间的驱动由一个防滑自锁(No Spin)差速装置控制。它以固定的扭矩比来分配驱动力,也就是说,在这种情况下是50∶50,从这个意义上来说,这不是一个差速器。防滑自锁差速器作为一个超越自由轮,因此它会将所有的驱动力传递至运行较慢的输出轴。对于正在转弯的车辆来说,这意味着由弯道内侧的车轮承载驱动力。防滑自锁差速器的优点是具有平整的外观。第9章将对差速器方案的优劣进行更详细地讨论。"萨拉丁"轮式装甲车和"萨拉森"轮式装甲车装备的是无限滑功能的中央差速器。

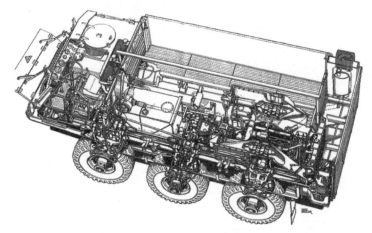

图5.6 阿尔维斯公司"壮汉"两栖卡车的总体布置
(资料来源:由 Max Millar 提供)

该车悬挂采用的是双横臂方案与扭杆弹簧,如图5.7所示。扭杆24与上叉臂的内枢轴同轴安装。它通过短扭管15在上叉臂端部工作。杠杆组件41可以调整悬挂高度和车轮的负荷分布。两个筒式减振器和伸缩式缓冲器/反弹限位器通过枢轴安装在上叉臂上。

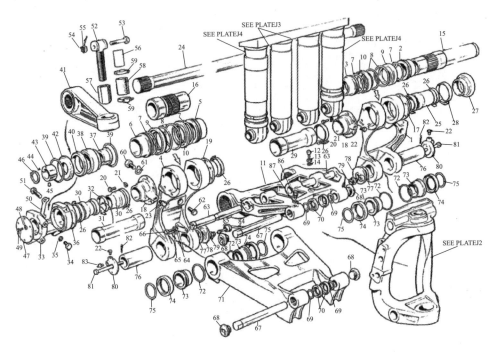

图 5.7 Stalwart 双横臂扭杆悬挂
(资料来源：由英国国防部提供)

## 5.1.6 卡特皮勒（Caterpillar）矿用/自卸卡车

一些卡特皮勒矿用卡车可重达 624t，采用后桥驱动的两轴方案，后桥装有直径超过 4m 的双轮胎。前悬挂和后悬挂都采用油气弹簧。前悬挂是简单的支柱布置，油缸安装在车架上，活塞端承载车轮组件。因此，油气弹簧承载了包括纵向、横向和垂向的所有车轮负载，同时还用作转向枢轴。后悬挂是简单的扭力管装置，具有一个朝前安装的中心球铰，采用潘哈德杆（Panhard Rod，又名横向止推杆）用于横向定位，垂向载荷由一对油气弹簧承载。油气弹簧的气体和油液之间没有浮动活塞或柔性隔膜进行分隔。前悬挂许用行程通常为 315mm，后悬挂为 165mm。

## 5.1.7 日立（Enclid，后为 Hitachi）矿用/自卸卡车

20 世纪 70 年代，日立矿用卡车在前悬挂和后悬挂上使用了液体弹簧[1-2]，满载静态压力通常为 550bar，峰值压力不超过 1240bar。悬挂高度对环境温度很敏感，如果超过规定的范围，则可以通过向悬挂装置注入或释放油液进行校

正。日立公司后来将氮气注入支柱,以提高油液的有效压缩性。前轮通过拖曳臂定位,后悬挂使用驱动梁轴和扭力管。

液体弹簧的原始专利于 1881 年就被用作铁路缓冲器而提出。然而,直到 20 世纪 40 年代,道梯·罗托尔公司才开发出实物[3]。图 5.8 示意了液体弹簧的原理,柱塞插入到含有一定量液体的缸体中。活塞上装有阻尼阀和泄压阀,并为柱塞滑动导向。

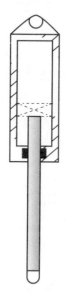

图 5.8 液体弹簧原理

(资料来源:Conway,1958[3],经皇家航空学会许可后复制)

液体的体积模量 $K$ 定义为

$$K = V\left(\frac{\mathrm{d}p}{\mathrm{d}V}\right) \tag{5.4}$$

式中:$V$ 为液体的初始体积,$\mathrm{d}p$ 为体积 $\mathrm{d}V$ 变化时的压力变化。可压缩性是体积模量的倒数。图 5.9 显示了各种液体的可压缩性。其中 DTD 585 是一种标准的飞机液压油。一些硅油由于具有较好的可压缩性,通常用于液体弹簧。油缸拉伸会增加液体的表观可压缩性。

压力密封圈是用于液体弹簧的轴或柱塞密封的关键部件。第一个高效压力密封是由道梯·罗托尔开发的,原理如图 5.10 所示。四个凸销下面的区域与大气相通,使得橡胶密封中的压力总是大于液体的压力。英国电气公司的堪培拉式轰炸机起落架前轮上首次使用了液体弹簧。堪培拉式轰炸机于 1949 年首飞,并于 1951 年服役。

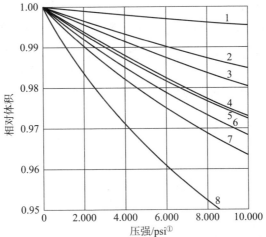

1—汞； 2—甘油； 3—E.E.L.6； 4—水； 5—Skydrol（一种航空液压油）；
6—Lockheed22； 7—D.T.D.585； 8—SiliconeD.C.200/20（一种硅油）。

图 5.9　各种液体的可压缩性比较

（资料来源：Conway，1958[3]，经皇家航空学会许可后复制）

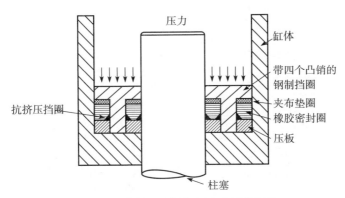

图 5.10　道梯·罗托尔压力密封的细节

（资料来源：Conway，1958[3]，经皇家航空学会许可后复制）

## 5.2　装甲车辆

### 5.2.1　H 型传动布置

　　H 型传动系统已经在英国和法国的装甲车辆上得到了广泛的应用，因为它

---

①　1psi＝6.895kPa。

们有利于增加车体内部体积，同时减小车辆的轮廓面。图 5.11 是法国潘哈德（Panhard）AML 4×4 轻型坦克的传动系统布置方案。后置的发动机和变速箱经过通用的连接轴将动力传递出来。悬挂采用拖曳臂和螺旋弹簧方案，驱动力通过悬挂拖曳臂内部的齿轮传递至车轮。该型车辆悬挂配备了单筒伸缩式液压减振器，在由浮动活塞隔离而成的腔体中充入一定量的压缩氮气作为蓄能腔，以补偿活塞杆进出油缸引起的体积变化。

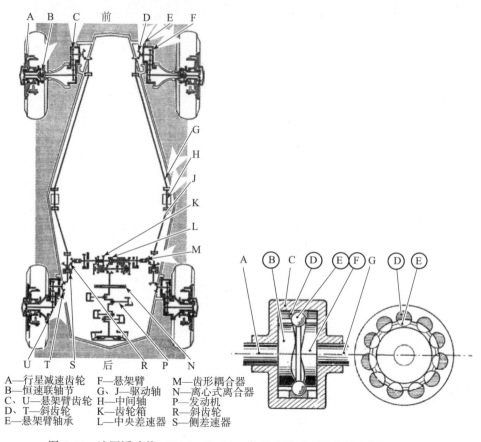

A—行星减速齿轮　F—悬架臂　M—齿形耦合器
B—恒速联轴节　G、J—驱动轴　N—离心式离合器
C、U—悬架臂齿轮　H—中间轴　P—发动机
D、T—斜齿轮　K—齿轮箱　R—斜齿轮
E—悬架臂轴承　L—中央差速器　S—侧差速器

图 5.11　法国潘哈德（Panhard）AML 装甲车传动系统布局和限滑差速器
（资料来源：由 Panhard 防务公司提供）

横向和纵向的动力传递都使用了特殊设计的限滑差速器（图 5.11）。壳体 C 是动力的输入，支撑架 D 安装在壳体 C 上，支撑架 D 中装有一圈钢球 E。他们在与输出轴（A 和 G）连接的一对端面凸轮 B 之间运行。当载荷较小时，输出轴可以自由地以不同的速度运转。随着载荷的增加，钢球迫使端面凸轮抵紧输入壳体，从而通过摩擦传递驱动力。因此，该差速器的功能类似于依赖负载的限滑差速器（见第 9 章）。

"潘哈德"（Panhard）EBR 8×8 是另外一款使用 H 型传动系统布置方案的法国轻型坦克，图 5.12 是传动系统布置的示意图。该款车有许多非同寻常的特点。在车辆的每一端都有一个司机，其用意是在遭遇伏击时可以快速驶离。车辆的两侧还配备了一对实心轮，正常情况下处于收起状态，但是在松软地面上行驶时可以释放降低。悬挂同样采用了拖曳臂和臂内驱动车轮的方案。发动机是水平对置的 12 缸风冷发动机，位于炮塔下方。这款车辆的外形异常矮小。

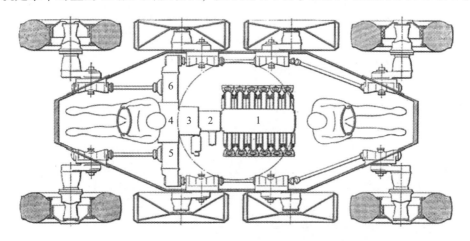

1—发动机；　3—第一变速箱；　　　　　　5、6—非限滑差速器。
2—离合器；　4—第二变速箱（带差速器）；

图 5.12　法国潘哈德 EBR 轮式轻型坦克传动系统布置
（资料来源：由 Panhard 防务公司提供）

目前唯一一款使用 H 型传动系统布置方案的车辆是法国奈克斯特系统公司（Nexter Systems，原 GIAT 工业集团）的 AMX 10RC，是一款重 15.8t 的 6×6 轻型坦克（图 7.25）。该车采用滑转转向方式，这方面的内容将在第 7 章中阐述。悬挂采用了拖曳臂和臂内驱动车轮的方案，弹簧采用了可以实现车辆高度和姿态控制的油气支柱。

除上文阿尔维斯公司（Alvis）系列车辆外，英国其他采用 H 型传动系统布置方案的车辆有戴姆勒（Daimler）的 4×4 "雪貂" 轮式装甲车（Ferret）和 "狐狸" 轮式装甲车（Fox）。

### 5.2.2　I 型传动布置

图 5.13 是瑞士莫瓦格公司 "水虎鱼"（MOWAG Piranha）8×8 装甲车的传动系统，是一种典型的 I 型布置。该型车辆采用了螺旋弹簧麦弗逊支柱式前悬挂和横向扭杆拖曳臂后悬挂。后来的版本安装了油气支柱（图 5.14），并且具有高度控制功能。车辆全重达 24t。该车还采用了 4×4、6×6 和 8×8 三种车型来满足

不同的任务需求。

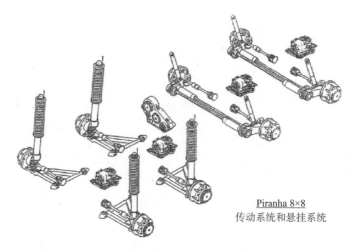

Piranha 8×8
传动系统和悬挂系统

图 5.13　Piranha 装甲输送车装有螺旋弹簧和扭杆悬挂
（资料来源：由通用动力公司欧洲地面系统-Mowag 提供）

图 5.14　新版 Piranha 装甲输送车传动系统和油气悬挂
（资料来源：由通用动力公司欧洲地面系统-Mowag 提供）

ARTEC（Armoured Vehicle Technology）公司的"拳击手"（Boxer）8×8 多功能装甲车是另一种采用 I 型传动系统布置方案的车辆。该型车辆一个突出的特点是它由两个模块组成：驱动模块和任务模块。驱动模块包括动力装置、变速箱、传动系统、悬挂和驾驶员舱；任务模块布置在车辆后部，并由 4 个附座定位，根据该功能模块的不同，可以分为装甲输送车、步兵战车、指挥车和救护车。另有独立的任务模块可以提高针对地雷和简易爆炸物（Improvised Explosive Devices，IEDs）的防护能力。

悬挂采用双螺旋弹簧和筒式减振器的双横臂方案。前悬挂的上横臂高位安装在斜轴上，类似于 DERA 的轮式悬挂试验车（图 4.7），这样可防止其横向侵占车内体积。前四个车轮由在上横臂附近高位安装的连杆操纵转向，改善了连杆的防护性，使其免遭路面、地雷和简易爆炸装置的损坏。后悬挂的上横臂采用了传统的安装方式。

大多数现代轮式装甲车都采用独立悬挂，而德国"山猫"（Luchs）8×8型侦察车则采用梁轴式非独立悬挂[4-5]。从1975年到20世纪90年代，该型装甲车一直在德国军队服役。如图5.15所示，和法国"潘哈德"EBR一样，车辆两端各有一个驾驶员，并且可以以相同的速度向前或向后行驶。该车可以实现八轮转向，不同的转向模式由复杂的连杆控制，如图5.16所示。当车辆向前行驶时，它用前四个轮子转向；当车辆向后行驶时，它用后四个轮子转向。当驾驶员选择行驶方向时，转向模式自动进行切换。八轮转向只在车辆处于前两个挡位时才能使用，速度限制在50km/h以下。今天，借助各种传感器和电控系统，该系统可以实现更广泛的控制选择。

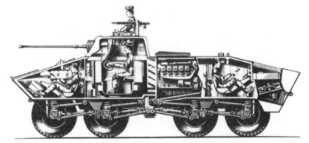

图 5.15　Luchs 侦察车截面图

（资料来源：由 Soldat unt Technik 提供）

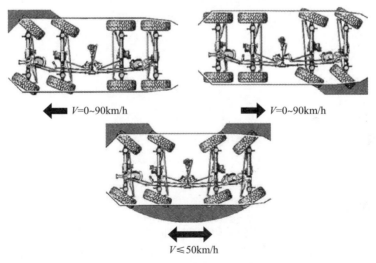

图 5.16　Luchs 侦察车转向装置

（资料来源：由 Soldat unt Technik 提供）

图 5.17 是"山猫"（Luchs）侦察车的悬挂系统。车轴由两根连杆提供纵向定位，由安装在车轴上方的 A 形架提供横向定位和扭矩平衡。悬挂弹性件为螺旋弹簧，安装在车轴之间的平衡梁端部，用于平衡车轮负载，在起伏路面行驶时平衡梁可以在一定角度范围内转动。在车轴和车身之间安装了减振器，用于控制"轮跳"。

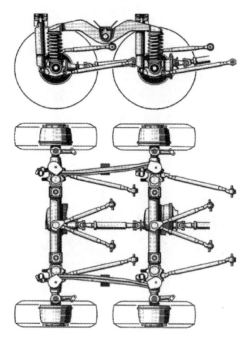

图 5.17　Luchs 侦察车的螺旋弹簧悬挂系统

（资料来源：由 Soldat unt Technik 提供）

## 5.3　互连式悬挂

悬挂可以在侧倾、俯仰及扭转（前、后悬挂反方向侧倾）方向连接起来。互连可以通过机械连杆、液压管路（有时是两者的组合），或者在主动悬挂中通过软件实现。

### 5.3.1　悬挂互联方法

图 5.18（a）~（d）是在侧倾和俯仰方向上实现互连的基本方法，图 5.18（e）~（h）是在通过扭杆、螺旋弹簧、液压管路和板簧实现垂向互连的方法。如果使用螺旋弹簧控制俯仰和侧倾，则需要一对预压螺旋弹簧或交叉连接弹

簧，如图 5.18（b）所示。液压管路的实现方法也类似，由于流体不能提供负压，所以需要一对预压油气弹簧（图 5.18（c））。

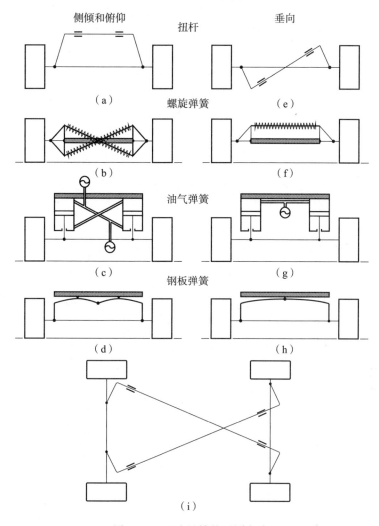

图 5.18　互连悬挂的不同方式

(a)～(d) 侧倾、俯仰；(e)～(g) 垂向分别采用扭杆、螺旋弹簧、油气弹簧、钢板弹簧；
(i) 在侧倾和俯仰方向均使用扭杆。

　　侧倾互连基本上都是通过扭转式防倾杆增加侧倾刚度来实现。除了减少转弯时的侧倾角度外，防滚杆还用于分担车轴之间的侧倾刚度，从而改善车辆在横向加速度较大时的操纵性能。

　　俯仰互连（无论是为了增大俯仰刚度还是减小俯仰刚度）都很少使用。众所周知，采用俯仰互连来降低俯仰刚度是雪铁龙（Citroen）2CV 的特色。设计的要求是车辆在耕地行驶时车厢中篮子里的鸡蛋不能有任何损坏。因此，该型车辆可以被称为兼顾型越野车辆（Part-time off Road Vehicle）。如图5.19所示，车轮安装在前导臂和拖曳臂上。轮臂上的曲柄连接于连杆，用于操作一对安装于水平缸体内的螺旋弹簧。螺旋弹簧作用于缸体端部，缸体可以水平移动，在缸体末端有一对橡胶弹簧提供俯仰限位约束。早期的该型车辆使用的摩擦式减振器内置于轮臂枢轴上，并通过安装在轮臂端部的惯性参考阻尼器来控制轮跳。后来的车型使用传统的液压筒式减振器（图5.19的右侧）取代了摩擦式减振器，且不再使用惯性参考阻尼器。

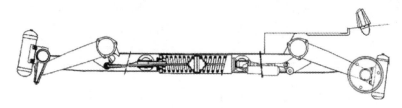

图5.19 雪铁龙（Citroen）2CV俯仰互连悬挂系统
（资料来源：由Citroen汽车公司提供）

对于轴距大约为2.5m的车辆，波长为5m左右的路面会引起强烈的俯仰激励。如果悬挂在俯仰方向没有互连，俯仰振动的固有频率为1.5Hz左右，车速为7.5m/s或27km/h时会出现较强的俯仰振动。雪铁龙2CV基本上算是低速车辆（早期版本的最高车速仅为65km/h），正常车速为27km/h左右，其俯仰振动的固有频率大约为1Hz，相应的俯仰共振激励车速为5m/s或18km/h（这一车速应该是较少使用的）。

悬挂系统的弹簧可以简化为如图5.20所示的布置，其中$K_1$是缸体末端作用于车体的弹簧等效刚度，$K_2$是缸体内部的弹簧作用于车轮的等效刚度。对于四轮车辆，定义垂向高度$K_h$、俯仰刚度$K_\theta$和侧倾刚度$K_\phi$：

$$K_h = 4K_2 \tag{5.5}$$

$$K_\theta = 0.5 l^2 \left(\frac{1}{K_1} + \frac{1}{K_2}\right)^{-1} \tag{5.6}$$

$$K_\phi = t^2 K_2 \tag{5.7}$$

式中：$l$是轴距；$t$是轮距。

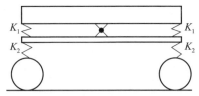

图5.20 简化的雪铁龙2CV俯仰互连系统

后来,雪铁龙 2CV 的衍生版提高了车速,通过将缸体刚性地连接到车架上,取消了悬挂的俯仰互连。

尽管在一些 F1 方程式赛车上使用了提高俯仰刚度的互连悬挂,目的是减小风阻,尤其是在制动时控制前翼的距地间隙,但是在其他车辆上很少使用。由于履带车辆的俯仰刚度相对较低,采用某种形式的抗俯仰系统会带来一定的益处。最前和最后负重轮之间的机械互连是不太可行的,而图 5.18(c)中的液压互连则完全可以实现。

扭转刚度 $K_W$ 是前悬挂和后悬挂的反向侧倾刚度,定义为

$$K_W = \left(\frac{1}{K_{\varphi F}} + \frac{1}{K_{\varphi R}}\right)^{-1} \tag{5.8}$$

式中:$K_{\varphi F}$ 和 $K_{\varphi R}$ 为前、后轴悬挂的侧倾刚度。如果侧倾刚度较大,在起伏不平的路面行驶时,轮胎的垂直载荷会有很大的差异。为了降低扭转刚度而将悬挂互连对越野车辆具有较大吸引力:会减小车身结构上的扭转载荷,会改善在不平路面上的操纵性能,并且会改善在松软路面和易滑路面上的牵引力(第9章)。

如果图 5.18(a)~(d)所示的任何一个系统采用对角连接的方式(图 5.18(j)),它们将提供侧倾和俯仰刚度,但不提供扭转刚度。如果前轴和后轴上起负载支撑作用的悬挂弹簧布置成不提供侧倾刚度的方式(图 5.18(e)~(h)),则可实现零扭转刚度的悬挂。从式(5.6)可以看出,这种布置的一个缺点是,由于轴距通常比轮距长得多,所以俯仰刚度远大于侧倾刚度。在这种情况下,$K_2$ 是抗侧倾/俯仰系统的有效刚度。

如果不需要抗俯仰功能,则可以采用类似于图 5.21 所示的系统,使用三根扭杆和一对平衡梁。平衡梁用于解耦俯仰和侧倾力矩。图 5.22 显示了一个简单的液压系统,采用了四个交叉连接的双向作用液压作动器与一对气弹簧,该系统提供了侧倾刚度,但具有零扭转和俯仰刚度。图 4.9 和图 4.10 展示了提供零扭转刚度的其他方法。

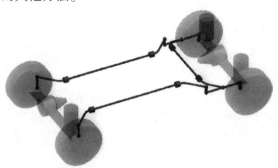

图 5.21 使用扭杆和平衡梁的零扭转刚度抗侧倾系统
(资料来源:由英国国防部提供)

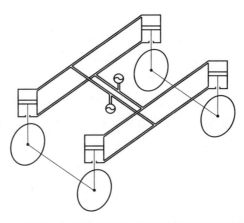

图 5.22 使用油气弹簧的液压互连零扭转刚度抗侧倾系统

同样，可以为六轮车辆设计悬挂连接，以实现更加均匀的车轮负载。图 5.23 是已在一些军用卡车上大量使用的系统，图 5.24 是火星探测器上使用的"摇臂转向架"系统。由于没有使用弹簧，这种布置不是严格的悬挂系统，尽管它们可以结合起来。车辆两侧的机构之间的差动或平衡性允许各机构之间有差动俯仰运动，并实现总体的俯仰稳定性。车轮使用了弹性辐条，主要是为了减轻在火星上着陆时的冲击。"好奇号"火星车尽管是一种越野车辆，但基本上不能归类为高速车辆，其最高速度为 1.5m/min，正常的运行速度约为 0.5m/min。

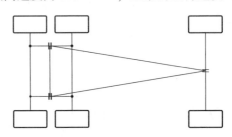

图 5.23 六轮车辆零扭转刚度悬挂布置

图 5.24 "好奇号"火星车的摇臂转向架

（资料来源：美国国家航空航天局/JPL-Caltech）

将转向架系统布置在车辆后部的一个潜在缺点是车辆的后倾稳定角需要折中设计,如图 5.25 所示。如果转向架枢轴在两个车轴连线的中间,则后倾稳定角为 $\theta_1$,车身重心就会跃过枢轴,导致向后倾覆。升高转向架枢轴可以增大车辆的后倾稳定角。当枢轴处于车辆重心与后轮接地点的连线上时,后倾稳定角增大为 $\theta_2$,这与六轮独立悬挂车辆的情况是一致的。然而,这种朝下的轮臂所带来的缺点是,会降低车轮的台阶攀爬能力(即使是驱动轮)。如果是非驱动轮,它会产生"斜撑"效果,车轮在制动或受到较大阻力时会被推至其反弹限位位置。尽管"好奇号"火星车的倾斜角度自动限制在 30°以内,但要求所有方向的倾覆稳定角至少要达到 50°。

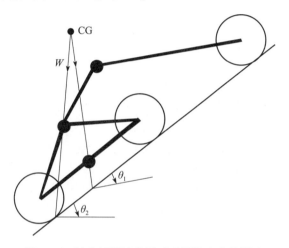

图 5.25 转向架枢轴位置对后倾稳定角的影响

# 参考文献

[1] Natt, M. (1977). Integration of component design for a 170 ton off-highway truck, SAE paper 770741.
[2] Natt, M. and Seabase, P. P. (1977). Applying the 'pressure' to a liquid spring off-highway truck suspension, SAE Paper 770768.
[3] Conway, H. G. (1958). Landing Gear Design. The Royal Aeronautical Society.
[4] Mische, A. (1975). Die Entwicklungdes des Radspahpanzers LUCHS. Soldat unt Technik, 11, 552-557.
[5] Jacob, R. (1975). Das Fahrgestell des LUCHS. Soldat unt Technik, 11, 558-563.

# 第 6 章

## 轮式车辆悬挂性能

### 6.1 四分之一车悬挂模型

第 3 章阐述了四分之一车悬挂模型的基本特性,描述了在随机路面激励下簧载质量的位移与地面起伏的振幅比,以及随机路面激励下的响应计算方法。本章将更详细地考虑车身加权加速度均方根值、悬挂动行程均方根值和轮胎动载荷之间的折中关系以及改变悬挂参数对它们的影响。

轮式车辆和履带车辆悬挂的主要区别在于充气轮胎有更好的灵活性。对于轮式车辆,非簧载质量的无阻尼自然频率通常为 6~10Hz,而履带车辆的则为 20~25Hz。

悬挂位移 $z_r$ 与路面激励之间的传递率为

$$\frac{z_r}{z_g} = \left\{ \frac{r_s^4}{\left[(1-r_s^2)(1-r_u^2) - \frac{r_u^2}{\mu}\right]^2 + 4\zeta^2 r_s^2 \left[1 - r_u^2\left(1+\frac{1}{\mu}\right)\right]^2} \right\}^{0.5} \quad (6.1)$$

轮胎动载荷 $\Delta N$ 的传递率为

$$\frac{\Delta N}{z_g} = \omega^2 m_s (1+\mu) \left\{ \frac{\left[1-\left(\frac{\mu}{1+\mu}\right)r_s^2\right]^2 + 4\zeta^2 r_s^2}{\left[(1-r_s^2)(1-r_u^2) - \frac{r_u^2}{\mu}\right]^2 + 4\zeta^2 r_s^2 \left[1 - r_u^2\left(1+\frac{1}{\mu}\right)\right]^2} \right\}^{0.5} \quad (6.2)$$

式 (6.1)、式 (6.2) 中符号的定义见第 3 章。

图 6.1 显示了无阻尼自然频率和阻尼系数对车身加权加速度均方根值的影响。图 6.2 描述了不同自然频率和阻尼系数下,车身加权加速度均方根值与悬挂动行程均方根值之间的折中。由于系统是线性的,因此悬挂动行程在静载位

置呈正态分布。例如，如果悬挂动行程均方根值为 60mm，悬挂极限位置之间的总行程为 360mm，则悬挂在 99.7% 的时间内不会撞击悬挂限位装置。这相当于图 6.2 中自然频率为 1.0Hz、阻尼系数约为 0.3 的悬挂。然而，该悬挂配置较"软"，当操纵车辆或者增加载荷后产生较大的静挠度，都会导致车辆产生较大的姿态变化。更好的悬挂配置是自然频率为 1.25Hz，悬挂刚度提高了 56%，但只略微降低了乘坐舒适性。

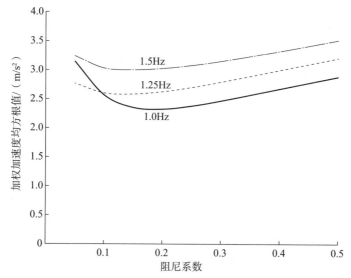

图 6.1　四分之一车辆悬挂模型：无阻尼自然频率和阻尼系数对车身加权加速度均方根值的影响

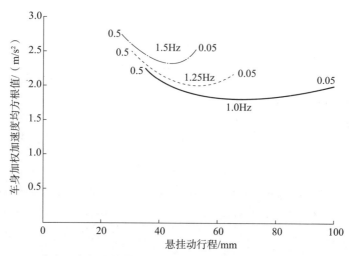

图 6.2　四分之一车辆悬挂模型：不同无阻尼自然频率和阻尼系数条件下，车身加权加速度均方根值与悬挂动行程均方根值之间的折中

越野车辆，特别是物资运输卡车，由于较重的车轴，并且为了使车辆在松软地面上获得良好的行驶性能而配置了大型轮胎，导致非簧载质量较大。例如，在 DROPS 卡车满载状态时，前悬挂的簧载质量与非簧载质量之比为 4∶1，后悬挂的簧载质量与非簧载质量之比为 6.5∶1；在空载状态下，前悬挂之比为 2.75∶1，后悬挂之比仅为 1.62∶1。越野车辆，特别是装甲车辆，经常安装有中央充放气系统的轮胎（Central Tyre Inflation Systems，CTIS），这主要是为了减小轮胎充气压力，改善在松软地面上的牵引性能。该系统对车辆的乘坐舒适性也有改善作用。

图 6.3 显示了在不同阻尼系数下，将非簧载质量加倍和轮胎气压减半（假定为轮胎刚度减半）对车身的加权加速度均方根值和悬挂动行程均方根值的影响。在非簧载质量加倍的情况下，车身加速度略有增加，悬挂动行程也是一样。在标准轮胎气压减半的情况下，只要悬挂阻尼良好，乘坐舒适性可以得到显著改善，而不会增大悬挂动行程。

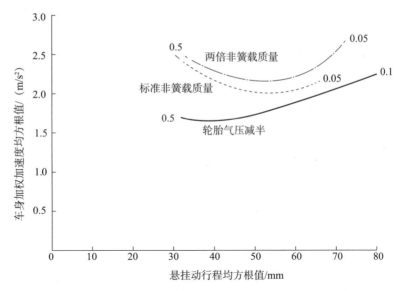

图 6.3　四分之一车辆悬挂模型：不同阻尼系数条件下，非簧载质量和轮胎气压对车身加权加速度均方根值和悬挂动行程的影响

类似地，图 6.4 显示了非簧载质量加倍和轮胎气压减半对轮胎动态载荷比（轮胎动态载荷均方根值/轮胎静态载荷）的影响。双倍的非簧载质量会显著地增加轮胎的载荷比，而仅略微增加了车身加权加速度均方根值。只要系统受到良好的阻尼，轮胎气压减半可以降低轮胎载荷比和车身加权加速度均方根值。

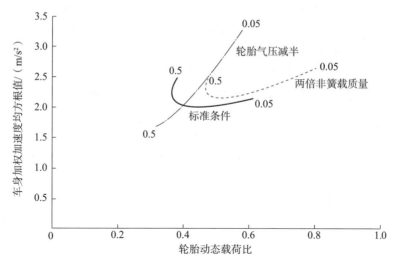

图 6.4　四分之一车辆悬挂模型：非簧载质量和轮胎气压对车身加权加速度均方根值和轮胎动态载荷比的影响

## 6.2　轴距滤波

图 6.5 显示了车辆在起伏不平的越野路面上行驶时，车轴数（1、2、3、4）

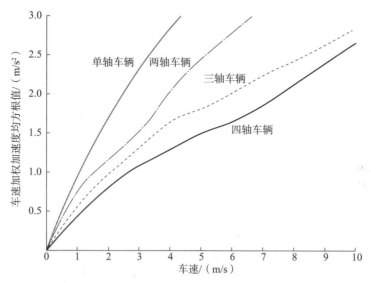

图 6.5　与单轴车辆相比，车轴数（两轴、三轴、四轴，等间距）对车身垂向加权加速度的影响

对车身垂向加权加速度均方根值的影响。假定车辆的轴距为 5.2m，并且车轴等间距分布。正如预期的那样，车轴数越多，车身垂向加速度越低，尽管三轴车辆和四轴车辆的区别不是很大（尤其是在高速行驶时）。与单轴车辆相比，三轴和四轴车辆的滤波效果可能导致前悬挂的位移增大。这就要求为前悬挂配置良好的阻尼，在起伏不平的路面上行驶时避免前悬挂撞击限位器或车头磕地。

图 6.6 显示了四轴车辆的阻尼系数和垂向固有频率对车身垂向加速度的影响。与单轴车辆相比（图 6.1），四轴车辆对垂向固有频率的敏感性要低得多，对阻尼系数的敏感性也低得多。

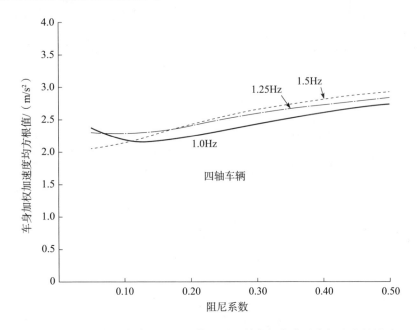

图 6.6　无阻尼自然频率和阻尼系数下对四轴车辆车身垂向加速度的影响

图 6.7 比较了 BS 6841 和 ISO 2631 的不同加权滤波器对单轴车辆和四轴车辆的车身垂向加速度的影响。单轴车辆的差异较大，但对四轴车辆的影响没有特别明显的差异，特别是在车速较高时，BS 6841 得到加权加速度值较低。图 6.8 显示了单轴车辆在车速 5m/s 和四轴车辆在车速 10m/s 时的加权加速度功率谱密度。可见，功率谱密度的主要差异是由于 BS 6841 加权滤波器在 5Hz 以下的加权值要低得多导致的（图 3.1），而且对单轴车辆的影响大于四轴车辆。对于四轴车辆来说，峰值频率 5.77Hz 与波长 1.73m（即车轴间距）、车速 10m/s 是对应的。

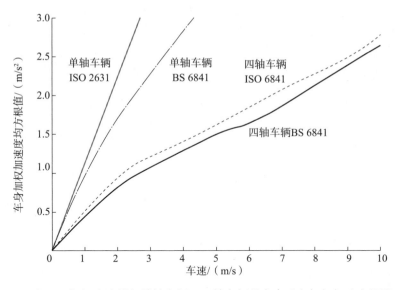

图 6.7　BSI 和 ISO 加权滤波器与单轴车辆、四轴车辆的车身垂向加权加速度的影响比较

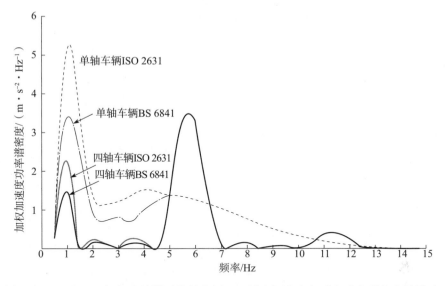

图 6.8　BSI 和 ISO 加权滤波器对单轴车辆、四轴车辆车身加速度功率谱密度的影响

## 6.3　DROPS 卡车舒适性测量

DERA 对轮式车辆的乘坐舒适性测试比履带车辆的要少得多，但对第 5 章中谈到的 DROPS 卡车进行了一些测试。该车在两种路面上进行了测试，即

DERA随机路面和铺装路面，设置了四种工况：满载、空载、标准胎压、胎压减半。这里仅介绍满载状态在随机路面行驶时的测试情况。

实际上，随机路面是为测试主战坦克悬挂系统而设计的，所以对于测试物资运输类卡车来说是不合适的。尽管如此，还是取得了一些有用的结果。车辆可以合理地看成是两个四分之一车辆悬挂模型：一个是前悬挂，主要承载驾驶室发动机和变速器；另一个是后悬挂，主要承载车厢物资载荷。图 6.9 比较了标准和减半的胎压条件下，驾驶室下方车架的加权加速度均方根值和驾驶室驾驶员座椅底板上的加权加速度。结果表明，车架上的加速度明显低于驾驶室底板上的加速度。该车辆的驾驶室是悬置的，并且其固有频率与车辆悬挂的固有频率较为接近。因此，在非常崎岖的路面上行驶时，驾驶室悬置振动被强烈激励，放大了从底盘传递来的加速度。在较平整的路面行驶时，驾驶室悬置可以有效地衰减车轮跳动引起的振动、发动机振动和噪声。结果还表明，降低胎压可以显著改善乘坐舒适性，但是车速不能超过特定胎压所规定的车速。DROPS卡车没有安装轮胎中央充气系统，因此必须手动设置胎压。

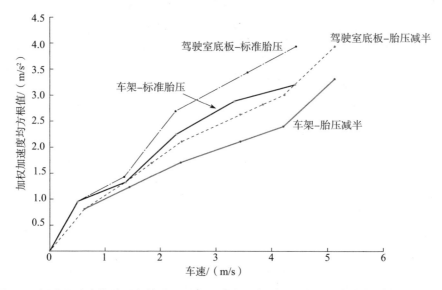

图 6.9　标准和减半的胎压条件下，DROPS 车架和驾驶室地板上的加权加速度均方根值

图 6.10 显示了后悬挂上方车架的垂向加权加速度。由于悬挂刚度非常大，静载挠度只有 30mm 左右，所以加速度很大。实际上，轮胎的变形量更大，达到 43mm。此外，后悬挂没有安装液压减振器，只有弹簧中的摩擦提供了一定的阻尼。峰值加速度 $2.8m/s^2$，是由 1.5m 的波长（轴间距离）和 1.9Hz 的悬挂固有频率引起的。当车轴趋向于在 2.25m 的反相波长路面行驶时，加速度会得到降低。振动加速度水平表明，该车辆是设计用于货物运输的，不适合用

于部队兵力运输。

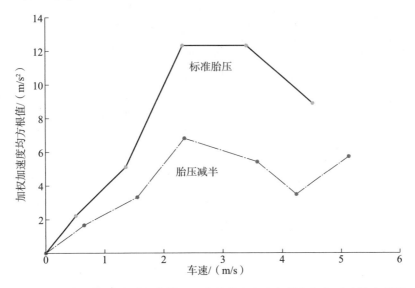

图 6.10 在标准和减半胎压条件下，在悬挂上方车架的加权加速度均方根值

图 6.11 是车辆以 4.4m/s 的速度行驶时，前、后悬挂上方车架的加权加速度功率谱密度。这表明前悬挂的固有频率约为 1.45Hz，与理论值接近。5Hz 处的峰值来源于轮跳，也与理论值基本一致。后悬挂在 1.9Hz 处出现峰值，这与悬挂和轮胎形成的串联弹簧的频率是一致的。由于阻尼水平较低，功率谱密度峰值的数值较高。

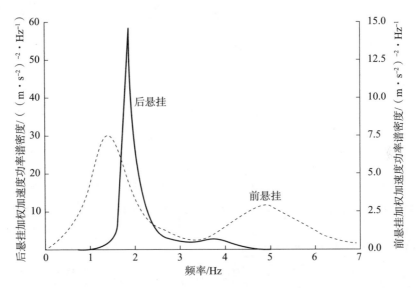

图 6.11 车速为 4.4m/s 时，前悬挂和后悬挂车架上的加权加速度功率谱密度

摩擦阻尼的等效黏滞阻尼系数可按以下关系计算：

$$C_{eq} = \frac{4\mu W}{\pi \omega X} \quad (6.3)$$

式中：$C_{eq}$ 为等效系数；$\mu$ 为摩擦系数；$W$ 为弹簧的载荷；$\omega$ 为振动频率；$X$ 为振动振幅。因此，等效系数与振动的频率和振幅成反比。

通过试验对弹簧中的摩擦力进行测量，结果见图 6.12，得到的平均系数值为 0.18。取 $\omega = (2\pi \times 1.9)\,\text{rad/s}$，$X = 0.025\text{m}$，得到 $C_{eq} = 59.5\text{kN}(\text{m/s})^{-1}$。临界阻尼系数 $C_{cr}$ 定义为

$$C_{cr} = 2\sqrt{mk} \quad (6.4)$$

式中：$m$ 为弹簧承载的质量；$k$ 为弹簧刚度。得到临界阻尼系数 $C_{cr}=320\text{kN} \cdot (\text{m/s})^{-1}$，因此等效阻尼系数约为 0.19（即 59.5/320），其中忽略了轮胎的弹性。它们的名义刚度为 2090kN/m，比弹簧的刚度要小得多。

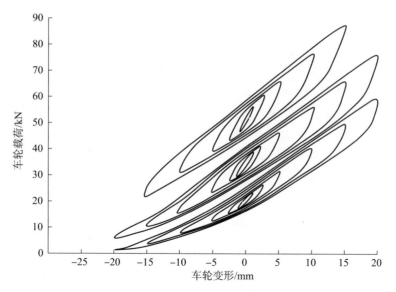

图 6.12　DROPS 卡车后悬挂弹簧的摩擦和刚度测量
（资料来源：由英国国防部提供）

在一台专门设计用于测量农用拖拉机轮胎特性的台架上对轮胎滚动刚度和阻尼进行了测试[1]。虽然该台架不能承受 DROPS 卡车轮胎的全部载荷，但在车速为 12km/h 和 16km/h 时的工况下，获得了一些有用的结果。一般性的结论总结如下：

（1）轮胎特性与滚动速度无关。

（2）滚动刚度与载荷无关，但与胎压成线性关系。与标称滚动刚度值 1045kN/m 相比，DROPS 卡车轮胎在标准胎压时的滚动刚度为 1500kN/m。

(3) 滚动阻尼约为 $0.25\mathrm{kN}\cdot(\mathrm{m}\cdot\mathrm{s}^{-1})^{-1}$，远小于弹簧的阻尼。这是期望的结果，因为高滚动阻尼值意味着高滚动阻力。

因此，总的结论是，大部分小阻尼振动发生在轮胎上。

# 参考文献

[1] Lines, J. A. and Murphy, K. (1989). A machine for measuring the suspension characteristics of agricultural tyres. Journal of Terramechanics, 26 (3-4), 201-210.

# 第 7 章
# 履带车辆和轮式车辆的转向性能

## 7.1 履带车辆

大多数履带车辆（也有部分轮式车辆）都是由某种形式的滑转来实现转向，由此导致车辆两侧的履带（或车轮）以不同的速度旋转。有些车辆，如 Hagglunds BV 206，是通过改变铰接车辆两个单元之间的角度来操纵转向。小型橡胶履带式和轮式铲斗装载机、机器人车辆采用滑移转向，其优点是在低速下具有较好的操控性。对于军用装甲车辆，履带系统的另一个优点是紧凑性，在给定车辆总体尺寸的条件下，车体内部体积显著增加。

### 7.1.1 滑移转向机构

已有多种布置方案来实现滑移转向车辆履带之间的速度差[1]。然而，大多数现代高速车辆（主要是军用车辆）使用某种形式的双差速器来实现两侧履带或车轮的速度差。双差速器可以以不同的方式布置，但都可以采用如图 7.1 所示的两个输入轴和两个输出轴进行原理性示意。一个输入轴是动力装置的主传动轴，另一个输入轴是控制轴。输出轴驱动履带或车轮。通过控制轴的旋转实现输出轴的速度差。对于直线行驶，控制轴保持不动。控制轴的旋转方向控制车辆转向的方向，转速控制输出轴之间的速度差，即如果忽略滑移，则控制的是车辆的横摆角速度。如果输入轴是自由的，那么该机构就与普通的自由单差速器类似；如果输入轴保持平稳，其表现就与锁止差速器类似。

第 7 章 履带车辆和轮式车辆的转向性能

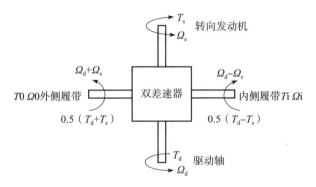

图 7.1 双差速器的简化示意图

转向轴的转速通常由发动机或变速器驱动的变流量泵控制静液马达的流量来实现。驾驶员控制泵的流量或者直接通过机械连杆或某种形式的机电伺服系统进行控制。目前越来越多的研究采用电控驱动实现这一功能。

从车辆的发展历程来看，最早使用双差速器来操纵车辆转向的实际上是轮式车辆：在 1899 年就在巴黎出现的维多韦利·普里斯特利（Vedovelli Priestley）电动出租车（图 7.2）[2]。这是一辆三轮车，前轮可以自由摆动，两个后轮之间有双差速器。因此，当车辆操纵转向时，车轮不会滑移。车轮是由独立的电动机

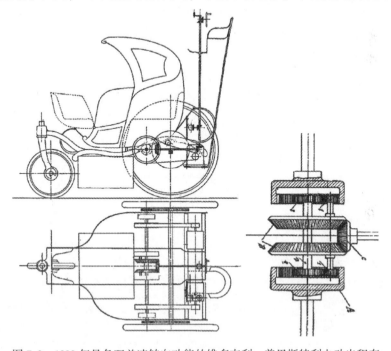

图 7.2 1899 年具备双差速转向功能的维多韦利·普里斯特利电动出租车

驱动的。这种差速器不能传递太大的功率，而只能控制两个车轮的相对速度。转向控制是由驾驶员站在车辆后部转动一个小手柄，该手柄与双差速器的控制轴啮合。该方案实现转向的简单模型如图 7.3 所示，该模型可由方程描述为

$$r = \frac{dv}{2c} = \frac{V}{R} \tag{7.1}$$

式中：$r$ 为横摆率；$V$ 为前进速度；$dv$ 为轮间速度差；$R$ 为转向半径；$2c$ 为轮间距离（车轮轨迹）。变形得到

$$\frac{1}{R} = \frac{dv}{2cV} \tag{7.2}$$

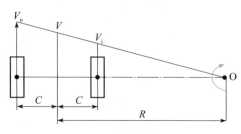

图 7.3　简单的转向模型

由此可推断，在转向时，驾驶员需要持续地转动控制手柄；转向速度越快，控制手柄就必须旋转得越快。这就要求经过一定程度的熟悉和训练，这也可能是该出租车似乎不成功的原因之一。这种布置方案的吸引力大概是驾驶员可以通过操纵转轴进行转向的能力。

图 7.4（a）和（b）更详细地展示了双差速器的两种基本形式。在图 7.4（a）的布置方案中，没有转向输入的情况下，轴 $A_S$ 和轴 $B_S$ 旋转但未承受载荷。在图 7.4（b）的布置方案中，在没有转向输入的情况下，轴 $C_S$ 承载并旋转，而轴 $D_S$ 是固定的但承担载荷，因此有时称为零轴，这是最常用的布置方案。这两种类型可以不同的方式布置，差速器安装在同轴或平行的驱动轴上。如图所示，差速器的扭矩假定分配为 2∶1∶1（如汽车驱动桥所用）。对于图 7.4（b）所示的布置方案，轴 $C_S$ 和轴 $D_S$ 由驱动轴和转向输入轴的 0.5 倍扭矩来驱动，以描述这两种布置方案类似的输入和输出条件。对于图 7.4（a）所示的布置方案，差速器的扭矩分配必须是 2∶1∶1 型，以确保在整个车辆具有必要的对称性。图 7.4（b）所示的布置方案在使用时通常采用其他扭矩分配比例。

图 7.5 是 Leopard 2 主战坦克上使用的 Renk 变速器的布局，以及转向系统的简化图。一个值得注意的特点是使用了动态液力耦合器，用于在回转力矩较高时辅助静液变量泵/马达装置，这意味着静液单元可以较小，并且可以在较低的最高压力下运行。输出轴之间的速度差仍由静液单元控制。另一个特点是在较高的车速下使用动液减速器，在较低的车速下使用摩擦盘式制动器。

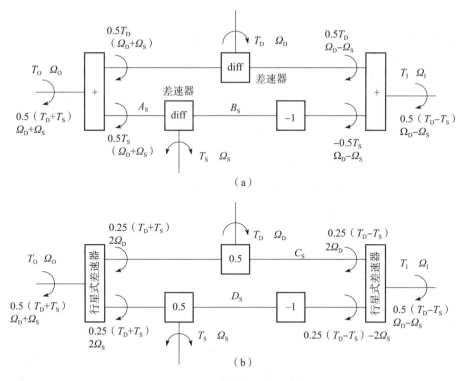

图 7.4 双差速器的两种基本类型

## 7.1.2 滑移转向模型

操纵车辆滑移转向时，履带或车轮会产生较大的阻力（回转）力矩。必须由履带产生较大的纵向力值差才能克服这些力矩。预测这些受力以及履带与附着地面之间的滑移是非常复杂的。直到第二次世界大战前，转向系统的设计似乎主要依赖试验，存在较大的误差。Merritt[3] 首次提出了车辆转向的分析方法，对车辆转向系统的设计非常有用。该方法对低速条件下小半径转向时的履带受力和转向速率给出了相当准确的预测。

图 7.6 是用于履带车辆转向分析的 Merritt 模型，其中 $W$ 是车辆质量；$2c$ 是履带中心距；$2l$ 是履带着地长，通常取为最前与最后负重轮之间的距离。初始假设是履带上的载荷均匀分布，并且履带和地面之间是简单的库伦摩擦。如前文所述，需要两侧履带有较大的牵引力之差来克服摩擦力矩。这需要外侧履带向后滑，内侧履带向前滑。因此，外侧履带绕着车辆外侧的一个瞬时中心（Instantaneous Centre，IC）转动，内侧履带绕着车辆内侧的一个瞬时中心转动。$a_o l$ 是外侧瞬时中心与外侧履带中心线之间的距离，$a_i l$ 是内侧瞬时中心与

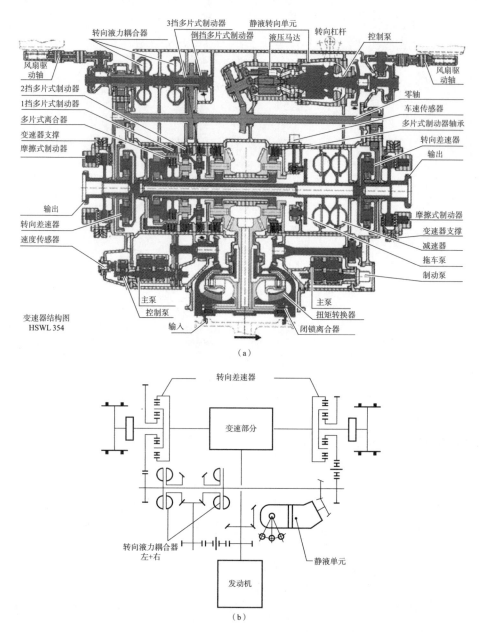

图 7.5 （a）Leopard 2 上使用的 Renk 传动箱（变速箱和转向）；（b）转向系统的简化图
（资料来源：由 RENK AG 提供）

内侧履带中心线之间的距离。如果没有外力作用在车辆上，即没有离心力或阻力，那么 $a_o l = a_i l = al$。从运动学的角度，瞬时中心必须位于与车辆中心线成直角的直线上，并穿过转向中心。

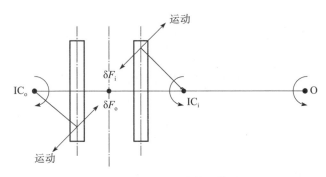

图 7.6 Merritt 滑移转向模型

通过考虑作用在履带板上的摩擦力，可以得到作用在履带上的纵向力 $F_x$ 和摩擦力矩 $M$。通过取履带受力的纵向和横向分量并沿履带积分，可以建立如下关系式[3]：

$$F_x = 0.5W\mu a \operatorname{arcsinh}\left(\frac{1}{a}\right) \tag{7.3}$$

$$M = 0.25W\mu l\left[(1+a^2)^{0.5} - a^2 \operatorname{arcsinh}\left(\frac{1}{a}\right)\right] \tag{7.4}$$

由大小相等、方向相反的履带纵向力 $F_x$ 所产生的力矩等于摩擦力矩 $M$。这个关系式可与示例车辆的尺寸一起代入 Excel 电子表格中，并用 Excel 中的 Solver 程序求解方程。

对于给定的前进速度 $V$，实现转向半径 $R$ 所需的履带速度差 $dv$ 通过图 7.6 的示意就可以容易地进行计算，其表达式为

$$dv = \frac{V}{R}[2c + (a_o + a_i)l] \tag{7.5}$$

该方程可输入电子表格中，其中 $(a_o + a_i)l$ 表示履带滑移的影响。

Steeds[4] 对这种方法进行了扩展，考虑了侧向力的影响，例如侧偏力和履带之间的横向载荷转移。Steeds 方法的求解需要经过繁琐的试验和误差修正过程，Wormell et al.[5] 提出了该方法的多种图形解。

这两种方法都假定履带下的载荷均匀分布，并且履带与地面之间是简单的库仑摩擦。这会导致车辆在横向加速度较小时，摩擦力矩与转向半径无关。然而，由于履带系统的各种间隙和挠度，摩擦力矩会随转向半径的增大而减小，对于履带安装了挂胶的车辆来说尤其如此。有一些摩擦力矩随转向半径增大而减小的经验性测量证实了这一影响。一些学者更是对这一影响进行了直接模拟[6-9]。Kitano 和 Kuma 建立的计算机模型[7] 可以对车辆在操纵 J 形转向时的瞬态运动进行分析。

Maclaurin[10] 开发了一个滑移转向模型，考虑了履带挂胶的柔性。一块履

带挂胶大小的"接触贴片"持续在每个车轮下铺设。用于表征充气轮胎牵引力-滑移率特性的"刷子模型"经过改进后有时可用于计算履带挂胶的牵引力-滑移率特性[11]。主要区别在于将履带挂胶上的载荷视为均匀分布的，而不是呈抛物线分布。模型的要求是履带挂胶的尺寸、挂胶的弹性模量和滑动摩擦系数。

牵引力-滑移率曲线用不同载荷下的指数曲线表示。在此基础上，计算了六轴履带车辆进行各种稳态操纵时的转向响应。

### 7.1.3 "魔术"公式

该模型进一步发展，采用所谓的"魔术"公式[11]来表示履带挂胶的牵引力-滑移率特性[12]。这是一个基于路面和实验室对充气轮胎的受力和力矩-滑移率测量结果的半经验公式，能够得到与实验数据非常匹配的曲线。它还准确地描述了不同垂向载荷对轮胎的影响以及不同路面条件的影响。"魔术"公式广泛用于描述车辆转向动力学计算机模型中的轮胎受力。

"魔术"公式基本上是一种修正的正弦波，其形式为

$$y(x) = D\sin(C\arctan\{Bx - E[Bx - \arctan(Bx)]\}) \tag{7.6}$$

式中：$y$ 为侧向力、纵向力或自回正力矩；$x$ 为侧偏角或纵向滑移率（图7.7）。图7.7还显示了相对于原点的偏移量 $S_v$ 和 $S_h$。这些偏移量是必要的，因为充气轮胎由于滚动阻力、制造缺陷和车轮外倾，在零滑移率和零侧偏角时可能产生纵向力和侧向力。这些影响在这里视为不相关的因素。

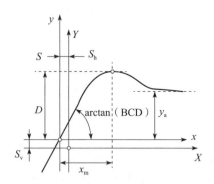

图7.7 "魔术"公式的主要参数

在式（7.6）~式（7.9）中，$D$ 代表峰值，$y_a$ 代表滑移率较高时的取值，$BCD$ 代表纵向或横向滑移刚度，$x_m$ 代表 $y$ 取峰值时对应的滑移率 $x$ 值。形状因子 $C$ 定义为

$$C = 1 \pm \left(1 - \frac{2}{\pi}\arcsin\frac{y_a}{D}\right) \tag{7.7}$$

刚度因子 $B$ 定义为

$$B = \frac{BCD}{CD} \tag{7.8}$$

$E$ 称为曲率因子,定义为

$$E = \frac{Bx_m - \tan(\pi/2C)}{Bx_m - \arctan(Bx_m)} \tag{7.9}$$

请注意,式(7.9)仅对 $C>1$ 有效。

$B$、$C$、$D$ 和 $E$ 是"魔术"公式主要的参数,都是垂向轮胎载荷 $W$ 的函数。这些参数的相关系数都来自于实验数据。在实践中,$C$ 和 $E$ 常常被视为常数。图 7.8 是依据公式绘制的一系列曲线。

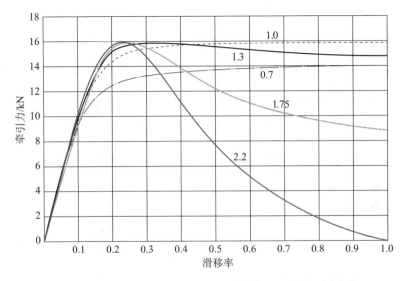

图 7.8 通过改变"魔术"公式中的参数 $C$ 生成的不同曲线

履带挂胶变形特性的获取,既可以基于履带车辆可测量的有限的牵引力-滑移率数据,也可以基于结合典型的充气轮胎在不同路面的牵引力-滑移率关系计算得到的履带挂胶牵引力-滑移刚度。

### 7.1.4 履带的"魔术"公式参数推导

推导特定履带车辆的"魔术"公式参数,理想情况下需要提供纵向和横向的"力-滑移"数据。这些测量也应该针对负重轮/挂胶的不同垂向载荷,以便能够估计二次参数。除了以下数据外,几乎没有公开报道过任何其他相关数据。

(1) 可以获得 8t 级"斯巴达人"(Spartan) 装甲输送车在沥青路面上实

施牵引试验的未公开数据。典型的测量曲线如图7.9所示。

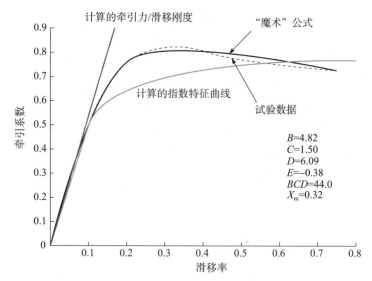

图7.9 "斯巴达人"装甲输送车的牵引力-滑移率试验曲线与其"魔术"公式表征法的比较。另外还显示了计算得到的牵引力-滑移率曲线和牵引力-滑移刚度

测量曲线的形状与充气轮胎的相似，曲线在滑移率为20%~30%处上升到峰值，然后随滑移率升高而下降。

（2）Claushen et al.[13] 描述了一种确定"豹"1坦克纵向/横向综合摩擦特性的方法。这里使用三根仪器线缆来约束试验车辆的运动。一根线缆一般沿纵向作用于拖曳车辆；另外两条等长线缆连接在坦克的前部和后部，通常横向和平行地运行，并锚定在两辆静止的重型履带车辆上。为了进行测试，坦克向前驱动行驶，并被侧面的线缆约束强制在环形路径上行驶，但具有恒定的方位角。尽管很少有相关数据被报道，但这些结果表明履带挂胶的滑动摩擦明显低于峰值摩擦（摩擦系数为0.86），并且摩擦椭圆/圆基本上是圆形的，这表明履带挂胶的摩擦特性在各个方向上基本相同。

（3）Pott[9] 在实验室对履带挂胶进行了试验，测量了不同垂向载荷下的横向刚度和最大摩擦系数。结果表明：①横向变形较小时，在不同的垂向荷载下，刚度基本上是恒定的；②刚度和最大摩擦系数在各个方向上相同，并且随着垂向载荷的增加而减小。

如果能够获得特定车辆的牵引力-滑移率数据，则可以使用最小二乘法拟合的方法获得"魔术"公式中的主要参数。用"斯巴达人"装甲输送车的数据进行拟合，并与图7.9中的"魔术"公式表征结果进行了比较。结果表明"魔术"公式与测量的曲线非常匹配。如图所示，"魔术"公式主要的参数值

为 $B=4.82$，$C=1.5$，$D=6.09$，$E=-0.38$，$x_m=0.32$。图 7.9 还显示了 Maclaurin 使用的指数型牵引力-滑移率曲线[10]，与测量的曲线有明显的差异。

另一种方法是计算零滑移率时纵向和横向的力-滑移刚度，然后使用典型的履带车辆或轮式车辆在不同路面上的牵引力-滑移率曲线来完成曲线。图 7.9 中还显示了零滑移率时的滑移刚度，这是由履带挂胶的尺寸和橡胶模量计算得到的。履带挂胶的剪切刚度 $K_s$ 由以下公式给出：

$$K_s = \frac{GA}{t} \tag{7.10}$$

滑移刚度定义为

$$C_{\alpha,s} = \frac{K_s a}{2} \tag{7.11}$$

式中；$C_{\alpha,s}$ 为滑移刚度；$G$ 为橡胶的剪切模量；$A$ 为履带挂胶的面积；$t$ 为履带挂胶厚度；$a$ 为履带挂胶的纵向长度。

对于"斯巴达人"装甲输送车来说，由于挂胶被模制在履带板上，很难确定挂胶的厚度。因此通过估算挂胶的有效厚度和弹性模量来计算滑移刚度，如图 7.9 所示。计算的刚度与测量值有很好的一致性。但是我们必须承认，考虑到所做的假设条件，获得这样的一致性有一定的偶然性，但也的确表明，这一通用办法是合理可行的。

考虑的模型车辆是一辆 6 轴 24t 的前驱履带车辆，前轮和后轮之间的轴距为 3.8m，履带中心线之间的距离为 2.5m。假定"力-滑移"曲线的形状与如图 7.9 所示的"斯巴达人"装甲输送车的"牵引力-滑移率"曲线的形状相似。"魔术"公式参数的推导如下。

对于零滑移率时的牵引力-滑移刚度 BCD，再次假设履带挂胶大小的橡胶"接触贴片"在每个负重轮下连续铺设。大多数现代履带挂胶通常是安装在钢制履带板上的矩形橡胶块，可以进行更换，它们的尺寸很容易测定。试验车辆的履带挂胶尺寸为 $A=0.035\text{m}^2$，$t=0.034$（对于新的履带挂胶），$a=0.116\text{m}$，$G=1700\text{kPa}$ 时，$K_s \approx 1850\text{kN/m}$，$C_{\alpha,s}=101\text{kN/rad}$。尽管履带挂胶的刚度取决于挂胶的厚度和磨损的程度，但是可以假定刚度与垂向载荷是完全无关的。

利用 Pott[9] 提出的关系式，$D$ 由下式给出：

$$D = F_z(0.91 - 0.0056 F_z) \tag{7.12}$$

式中：$F_z$ 是车轮的垂向载荷。系数 $D=0.8F_z$，其中 $F_z=20\text{kN}$ 为负重轮的静载，这相当于峰值摩擦系数为 0.8。

$C$ 的值取为 1.4，这就意味着在滑移率 1.0 处的力值 $y_a$ 为 $0.9D$，与图 7.9 所示的"斯巴达人"装甲输送车的牵引力-滑移率特征相似。

最大侧向力处的滑移率 $x_m$ 为

$$x_m = 0.3F_z/20 \tag{7.13}$$

也就是说，$x_m$ 会随峰值力增大而增大。$B$ 和 $E$ 由式（7.8）和式（7.9）得到。

假定"力-滑移"的关系在所有的滑移方向上都是相同的。如果履带或车辆的"力-滑移"关系的测量结果表明，横向和纵向的"力-滑移"关系存在显著的差异，那就需要采用一种更为详细的方法来计算履带受力，可以参考 Purdy 和 Wormell[19] 的工作。

车辆在三种不同条件下建模：①使用新的履带挂胶；②严重磨损的履带挂胶；③在低摩擦路面上。对于磨损严重的履带挂胶，零滑移率时的滑移刚度取为新挂胶的 3 倍，即已磨损到其新挂胶厚度的 1/3。$c$ 取 1.3，$x_m$ 取 $0.1\times(F_z/20)$。

对于低摩擦路面，零滑移率时的滑移刚度与新挂胶的相同；$D$ 取 $0.25F_z$，$C$ 取 1.7，$x_m$ 取 $0.15\times(F_z/20)$。图 7.10 显示了新挂胶、磨损严重的挂胶和在低摩擦路面上的"力-滑移"关系。

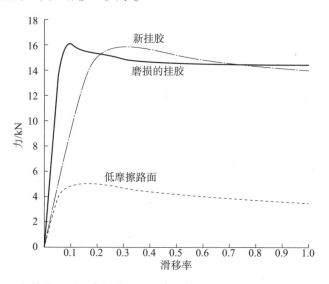

图 7.10　新挂胶、严重磨损挂胶和低摩擦路面在静载荷下的力-滑移率关系

牵引方向的纵向滑移率 $s_{xt}$ 定义为

$$s_{xt} = 1 - \frac{v_x}{v_t} \tag{7.14}$$

式中：$v_t$ 是履带相对于负重轮中心的速度；$v_x$ 是负重轮中心的纵向速度。

制动时的纵向滑移率 $s_{xb}$ 定义为

$$s_{xb} = 1 - \frac{v_t}{v_x} \tag{7.15}$$

横向滑移率 $s_y = \tan\alpha$。总滑移率 $s_c$ 定义为

$$s_c = (s_x^2 + s_y^2)^{0.5} \tag{7.16}$$

然后由"魔术"公式（7.6）得到履带挂胶切向受力 $F_r$。$F_r$ 的纵向分量 $F_x$ 定义为

$$F_x = \frac{s_x}{s_c} F_r \tag{7.17}$$

$F_r$ 的横向分量 $F_y$ 为

$$F_y = \frac{s_y}{s_c} F_r \tag{7.18}$$

另外，对于高滑移率时，有

$$F_y = (F_r^2 - F_x^2)^{0.5} \tag{7.19}$$

在上述情况中必须注意 $F_y$ 的符号（+或-）。

### 7.1.5 转向性能模型

转向性能模型在原理上与用于预测阿克曼转向车辆响应的模型相似。不同的是，驾驶员控制的是履带的相对速度而不是改变前轮的偏转角度。作用在车辆上的力如图 7.11 所示，图中只显示了转向外侧前轮和转向内侧后轮的作用力。由于该模型只考虑稳态运动，因此该模型在"准静态"条件下进行考虑。针对瞬态机动过程的模拟，目前普遍采用某种形式的仿真软件包；例如，Purdy et al. [14] 使用 Simulink 来模拟"蝎"式履带车辆的瞬态运动。将车辆的尺寸、履带挂胶的力-滑移特性的"魔术"公式参数和运动方程输入 Excel 电子表格中，并使用求解程序求解运动方程。

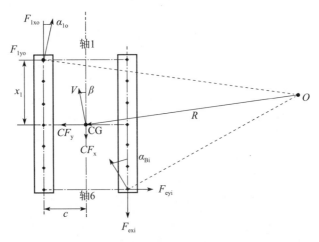

图 7.11 作用在车辆模型上的力（仅示意了转向外侧最前负重轮和转向外侧最后负重轮上的受力）

考虑了五种条件下的车辆：①没有任何履带张力的影响；②履带无预张紧

力，即只有作用在转向外侧后轮上的驱动力和作用在转向内侧前轮上的制动力；③履带有预张紧力，即作用在四个顶角负重轮上的履带力的垂向分量；④在条件②的基础上安装了悬挂系统；⑤在条件③的基础上不安装悬挂系统。悬挂的作用是允许离心力和履带力使车辆侧倾和俯仰，从而改变履带的接近角和离去角。

主动轮两侧履带张力的分布取决于主动轮两侧履带的相对纵向刚度。而履带的相对纵向刚度与从主动轮至地面这一段履带的有效长度成反比，即不需要实际的履带刚度值。前一段是从主动轮到第二负重轮的长度，后一段是从主动轮绕过诱导轮到的第五负重轮的长度。试验车辆的刚度比取 4.25∶1。

在附录 A 中给出了无悬挂但有履带预张紧力的车辆模型运动方程。Maclaurin[12] 提供了有悬挂但无履带预张紧力的车辆模型运动方程。对这些模型进行适当的组合就得到了这里展示的有履带预张紧力和悬挂的车辆模型。用于计算转向系统中各种功率流的方程见附录 B。

### 7.1.6 模型分析结果

对车辆模型加载多种机动条件：①中心转向（围绕车辆中心转动）；②固定转向半径，以不同的速度行驶；③以恒定速度在变半径匝道上行驶。在新挂胶、磨损严重的挂胶、低摩擦路面条件下，分析如上转向工况时的性能；还研究了重心位置变化的影响。

#### 7.1.6.1 驾驶员的转向控制方案

驾驶员被假定通过线控转向系统来控制转向电机的速度。两种方案如下：

在第一种方案中，驾驶员控制的是 $dv/V$，其中 $dv$ 是两侧履带之间的速度差，$V$ 是车辆的速度，作为履带的平均速度。忽略负重轮的滑转，$dv/V$ 基本上确定了车辆的曲率 $1/R$，从这方面看，与阿克曼转向车辆的转向控制类似，驾驶员的操纵可能会更加熟悉。然而，这种控制方案往往会使较高速度下的转向操纵非常灵敏，引起一定水平的横向加速度，转向控制位移大致与 $1/V^2$ 成正比。对于小半径转向，该系统转换为控制 $dv$；否则需要大幅度地转动方向盘。对于中心转向而言，$dv$ 控制是必不可少的。

在第二种方案中，驾驶员控制的是 $dv$，基本上确定了车辆的横摆率。为了产生给定水平的横向加速度，方向盘的角度大约与 $1/V$ 成正比，降低了较高速度下的转向灵敏度。图 7.12 对两种控制方案的输出响应之间的不同进行了说明。图中对不同车速下要产生 $0.2g$ 横向加速度时，由模型得到的方向盘操纵幅度进行了对比。

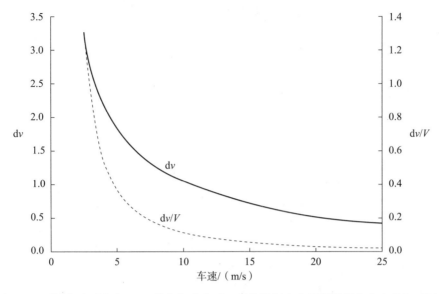

图7.12 不同车速下产生 0.2g 横向加速度时，两种控制方案需要操纵方向盘的相对幅度

对于 2.5m/s 和 25m/s 两种速度，$dv/V$ 控制时的转向控制偏转比的要求为 80∶1，而 $dv$ 控制的要求是 8∶1，即在较高的速度下，$dv/V$ 控制的灵敏度比 $dv$ 控制高 10 倍左右。$dv$ 控制的缺点是在不同的车速下沿既定半径的弯道行驶时所要求的方向盘角度不同，这可能会使驾驶员感到困惑。一个折中方案是可以采用 $dv$ 控制进行中心转向控制和低速转向控制，在较高的速度时转换为 $dv/V$ 控制，并在最高速度时再次转换为 $dv$ 控制。最合适的控制方案可能需要通过试验来确定。

### 7.1.6.2 中心转向

对于中心转向，模型可以有两种建立方式。第一种方法是将车辆的中心作为车体和履带的转向中心。这里的困难在于第一个和最后一个负重轮会有较大的侧偏角。在求解的程序中，履带滑移率作为变量，不同位置的值是相等的。结果表明，对于新的履带挂胶并且有履带预张紧力的情况，滑移率为 0.49 时，其回转力矩为 142kN·m。

第二种方法是使用图 7.6 所示的 Merritt 方法[3]，该方法具有车辆中心处的车体瞬时中心和履带外侧等距离的两个瞬时中心。通过这些瞬时中心就可以计算侧偏角。求解程序中的变量是（相等的）履带滑移和履带瞬时中心到履带的距离。结果表明，对于新的履带挂胶，其回转力矩为 140kN·m，滑移率为 0.4。

执行中心转向时，转向系统所需的功率通常由转向速率 $\omega_p$ 决定。较高的转向速率可以提供良好的机动能力，这对于军用车辆来说是很重要的。中心转向的操纵功率 $P_p$ 由下式计算：

$$P_p = 2\sum F_x v$$

式中：$v = \dfrac{v_v}{1-s_{xt}} = \dfrac{\omega_p c}{1-s_{xt}}$。

即

$$P_p = 2\sum F_x \left(\dfrac{\omega_p c}{1-s_{xt}}\right) \tag{7.20}$$

如果所需的横摆速率为 0.75rad/s（即 8.4s 内转向一周），则所需的转向功率为 187kW。考虑到系统效率为 0.8，转向系统的输入功率需增加到 237kW。这是主动轮可用功率（假定为 330kW）中的很大一部分。一般情况下，中心转向和小半径转向的速度受制于转向系统的有效功率，需要在转向功率和转向速率之间设定一个合理的折中。

### 7.1.6.3 转向半径对回转力矩的影响

图 7.13 显示了在低速条件下，回转力矩如何随转向半径增大而减小。对于新的履带挂胶，在转向半径大于约 12m 时，挂胶主要工作于"牵引力-滑移率"特性曲线的弹性部分（图 7.9）。在低摩擦路面，转向半径大于约 40m 时，履带挂胶工作于弹性部分，回转力矩明显降低。磨损严重的挂胶在转向半径大于 20m 时，工作在特性曲线的弹性部分。

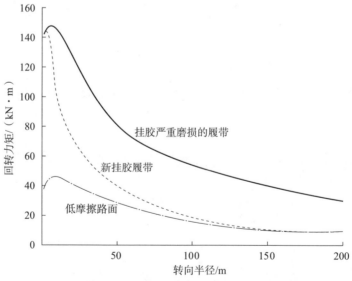

图 7.13 新挂胶、严重磨损的挂胶以及低摩擦路面条件下，低速转向时回转力矩随转向半径增大的变化

### 7.1.6.4 以不同的速度在转向半径 15m 的弯道上行驶，分析履带张力和悬挂系统的影响

图 7.14 显示了五种情况下（无履带影响、有/无履带预张紧力、有/无悬挂）的回转力矩随横向加速度的变化。由于车辆侧滑角增大，回转力矩随横向加速度增大而减小；最后负重轮的侧向力随着侧偏角的增大趋向于达到一个极限值，而最前负重轮的侧向力随侧偏角的减小而减小。

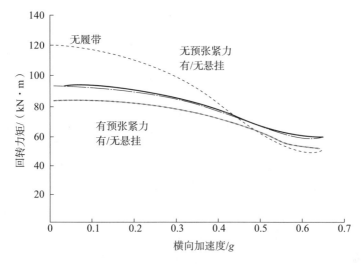

图 7.14 五种不同履带条件下，以 15m 为转向半径时，回转力矩随横向加速度的变化

在横向加速度小于 $0.4g$ 时，无履带时的回转力矩明显较高，因为四个顶角处的负重轮上没有卸载效应。与履带无预张紧力的情况相比，具有履带预张紧力情况下的回转力矩更低，因为三个顶角处的负重轮发生了卸载效应（在所有横向加速度下，转向外侧最前负重轮的地面支反力为零）。在有悬挂和无悬挂的情况下，回转力矩几乎没有差异，因为在较高的横向加速度下，接近角和离去角才会明显变化（图 7.15）。

图 7.16 显示了同样在五种情况下的转向响应 $dv/V$。对于无履带的情况，由于在横向加速度较低时回转力矩较大，因此需要更大的转向输入。而转向输入随回转力矩的减小而减小。如果将履带车辆的转向响应与充气轮胎车辆的转向响应进行类比，则将平直的 $dv/V$ 响应称为中性转向，因为随着横向加速度的增加，驾驶员保持方向盘稳定。具有负斜率的转向响应称为"过度转向"，因为驾驶员必须随着横向加速度的增加而减小方向盘角度；而正斜率的转向响应称为"不足转向"，驾驶员必须随着横向加速度的增加而增大方向盘角度。对于无履带的情况，在约 $0.65g$ 的有限范围

内，过度转向随横向加速度增大而越来越严重。

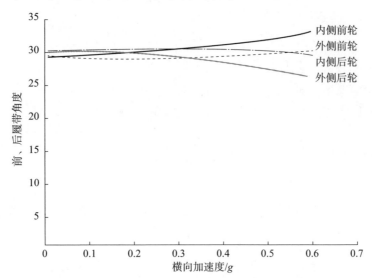

图 7.15　有悬挂和履带预张紧力的情况下，以 15m 为转向
半径时，前、后履带角度随横向加速度的变化

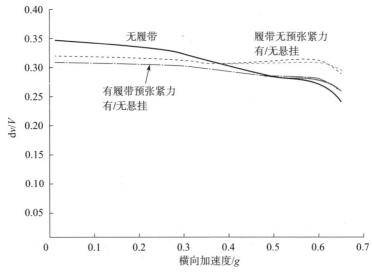

图 7.16　对于不同履带条件的模型，以 15m 为转向半径时，
履带速度差变量 $dv/V$ 随横向加速度的变化

无履带预张紧力的情况下，最初的转向响应是轻微的过度转向，在横向加速度大约为 $0.4g$ 时变成轻微的不足转向，最后又转为严重的过度转向。有悬挂和无悬挂的转向响应差别不大。有履带预张紧力的情况下，车辆就会轻

微转向过度，而且在有悬挂和无悬挂的情况下，车辆的转向响应几乎没有差别。履带车辆总是倾向于过度转向；当车辆产生侧滑角时，由于负重轮成直线排列，后端负重轮的侧偏角一定会大于前端负重轮的侧偏角。因此当车辆达到"打滑"失控的极限时，后端负重轮将会先于前端负重轮将达到"牵引力-滑移率"关系的极限部分。由于回转力矩提供了很强的"自动回位"效果，因此如果驾驶员将方向盘恢复到中位位置，车辆很容易就会恢复。实际上，除紧急情况外，驾驶员不太可能操控车辆产生较高的横向加速度，尤其是在载有乘员的情况下。

因此，将悬挂系统的影响纳入模型中是没有意义的，但是最好包括履带的影响，并且考虑履带的预张紧力，这样可以得到更符合实际的转向响应。该模型通过忽略悬挂变形的影响，大大地进行了简化。

图 7.17 显示了转向系统中的各种功率流。值得注意的是转向内侧履带的负功率流，由于正在有效地制动，功率正在转移到转向外侧的履带。最大的转移功率为 227kW，最大转向功率为 63kW。依据主动轮可以输出的功率，最大横向加速度仅限于 0.5$g$。

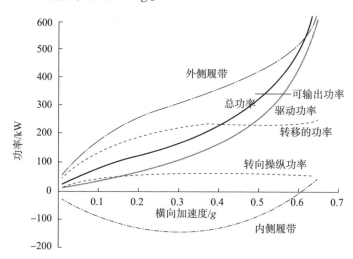

图 7.17　以 15m 为转向半径时，转向系统功率流随横向加速度的变化

### 7.1.6.5　新挂胶、严重磨损挂胶以及低摩擦路面条件下，以不同的速度在转向半径 15m 的弯道上行驶

图 7.18 显示了新挂胶、严重磨损挂胶、低摩擦路面三种条件下，回转力矩随横向加速度的变化。对于严重磨损的挂胶，由于挂胶的刚度要大得多，回转力矩起初会更大。在低摩擦路面，随着车辆侧滑角的增大，回转

力矩明显减小。

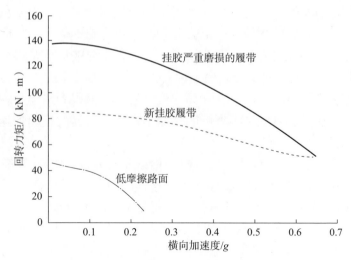

图 7.18 在新挂胶、严重磨损挂胶和低摩擦路面条件下，以 15m 为转向半径时，回转力矩随横向加速度的变化

对于控制量 $dv/V$（图 7.19），新挂胶和严重磨损的挂胶都显示出逐渐增加的过度转向响应。在低摩擦路面上，车辆表现出的特征是非常不同的，呈现严重的过度转向响应。虽然图中显示最大的横向加速度大约为 $0.22g$，但驾驶员不太可能将车辆控制在这一水平。一般来说，履带车辆在滑溜路面上的控制是很困难的，尤其是在侧倾坡和陡峭的弯道上。

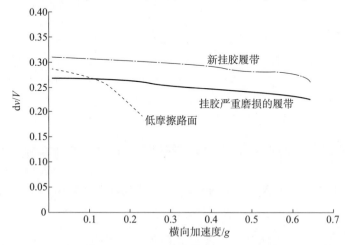

图 7.19 在新挂胶、严重磨损挂胶和低摩擦路面条件下，以 15m 为转向半径时，履带速度差变量 $dv/V$ 随横向加速度的变化

#### 7.1.6.6 在变半径弯道上以 15m/s 的速度行驶

这项测试通常认为更能代表实际的驾驶条件，但它需要更多的仪器设备的测试来获得准确的结果。

图 7.20 显示了驱动侧和制动侧履带在主动轮两侧分段的受力。主动轮与地面之间的履带力随着横向加速度的增加而减小，直到其变为零且履带松弛为止，这就解释了主动轮与诱导轮之间的履带驱动力曲线的突变。

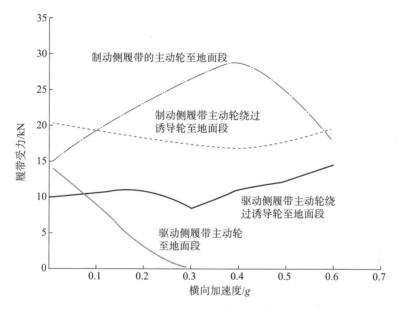

图 7.20　在变半径弯道上以 15m/s 的速度行驶时，履带受力随横向加速度的变化

图 7.21 显示了新挂胶、严重磨损挂胶、低摩擦路面条件下，$dv/V$ 随横向加速度的变化。图中还显示了中性转向线。中性转向线的定义是针对阿克曼转向车辆的，不适用于滑移转向车辆。然而，在半径 15m 的弯道上，车辆在横向加速度较小时会表现出与中性转向相似的特征。因此，中性转向线被视为新挂胶履带转向线在原点处的切线，如图 7.21 所示。当梯度大于中性转向线时表现为转向不足；当梯度小于中性转向线时表现为过度转向。当梯度为零时，车辆失控变得不稳定。

对于新的履带挂胶，转向响应在开始时是中性转向，然后变为轻微转向不足，再转变为过度转向。对于严重磨损的挂胶，转向响应在开始时也是中性转向，然后从横向加速度 $0.2g$ 开始变成越来越严重的过度转向。在低摩擦路面，直到横向加速度达到 $0.24g$，转向响应表现出越来越严重的过度转向，增大转向输入不会产生任何响应。

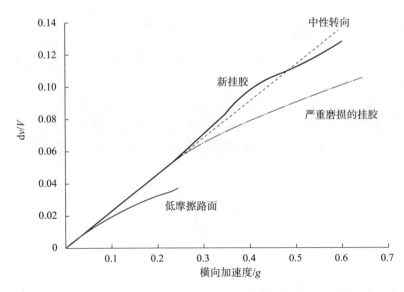

图7.21 在变半径弯道上以15m/s的速度行驶时,履带速度差变量d$v$/V随横向加速度的变化

图7.22显示了履带挂胶严重磨损后,车辆转向系统中的各种功率流。当横向加速度为0.4$g$时,转向外侧履带的功率约为516kW,包括400kW的转移功率、100kW的驱动功率和16kW的转向操纵功率。

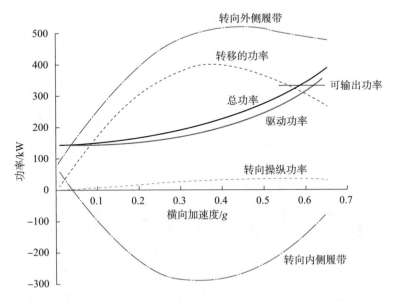

图7.22 在变半径弯道上以15m/s的速度行驶时,转向系统各项功率流随横向加速度的变化

许多试验性的履带车辆都是采用电动机分别驱动每条履带,有时称为"双线系统"。虽然是一个简单的布置方案,但上文所述的转向外侧履带的

功率凸显出了这种布置方案的缺点。在某些情况下，需要电动机和逆变器产生间歇性的高功率输出，几乎是双差速转向系统电动机额定连续驱动功率的 3 倍，约 165kW。这种布置方案的实用性取决于电动机和逆变器的过载能力。此外，还需要非常精确地控制每条履带的速度，如果采用双差速器方案来实现要容易得多。QinetiQ 开发了这种系统，如图 7.23 所示。该系统与图 7.2 所示的维多韦利·普里斯特利（Vedovelli Priestley）车辆类似，尽管 QinetiQ 方案的转向输入是由电动机驱动而非手动输入的。

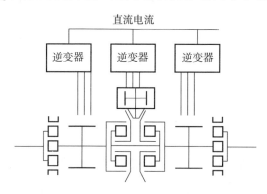

图 7.23　带两个驱动电动机和一个转向差速器驱动电动机的 QinetiQ 电动驱动系统
（资料来源：由 QinetiQ 提供）

#### 7.1.6.7　重心位置的影响

由于履带车辆的负重轮沿轴距大致等距分布，所以最前和最后负重轮的载荷对重心位置非常敏感。例如，如果将重心往前移仅 5% 的轴距，最前负重轮的载荷会增加 21.5%。因此，分析重心位置对转向响应的影响时，模拟重心位置向前移 5% 和向后移 5%。

图 7.24 显示了在半径 15m 的弯道上，重心位置不同时的 $dv/V$ 响应。对于重心前移，响应通常是中性的，而对于重心后移，转向响应变得越来越倾向于过度转向。尽管重心位置前移会增加最前负重轮的负荷，一般是不期望的结果，但是对转向响应是更为有利的。

考虑轮式车辆的响应时，所使用的概念是静稳定裕度和相关的中性转向点。车辆的中性转向点定义为在 $x$ 轴上的某点施加侧向力不会引起横摆响应，也就是说，车辆发生侧滑但不改变方向。静稳定裕度是中性转向点与重心之间的距离占轴距的比例，如果中性转向点在重心后面，则认为是正值。对静稳定裕度为正值的情况，车辆在弧形道路上行驶时，在重心处施加侧向力，将使车辆转向远离该力；因此，由此产生的离心力将与施加的力相反。对静稳定裕度为负值的情况，车辆将往该力施加的方向转向，并且离心力将对施加的力有加强作用，这就要求驾驶员需要频繁地对车辆的行驶过程进行修正。

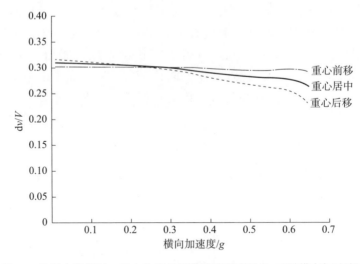

图 7.24　以 15m 为转向半径时，重心位置对履带速度差变量 $dv/V$ 随横向加速度变化的影响

由于履带挂胶的滑移刚度基本上与垂向载荷无关，因此中性转向点与重心位置无关，位于车辆轴距的中点（假设负重轮间距大致相等）。对于静稳定裕度为正值的履带车辆，重心需要稍微向前移至轴距的中间位置。如图 7.24 所示，重心位置前移也会使车辆转向更趋向于中性转向。

### 7.1.6.8　模型验证

开发预测履带车辆转向性能的计算机模型面临的一个困难是缺乏已公开的试验数据来与模型分析的结果进行对比。

## 7.2　轮式车辆滑移转向与阿克曼转向对比

尽管大多数轮式车辆都采用了阿克曼转向方式，但是也有一些轮式车辆采用了滑移转向方式。对于轮式装载机和机器人车辆来说，滑移转向的优点是在低速条件下具有很高的机动灵活性。对于军用车辆，尤其是轮式装甲车辆，滑移转向的另一个优点是提升了空间利用率。对于既定的车辆整体尺寸，因为滑移转向车辆的车轮不需要操控偏转，可以显著增加车体的内部体积。对于安装了多轴大型轮胎以获得良好的松软地面行驶性能的车辆而言尤其如此。这种车辆的一个例子是图 7.25 所示的法国 GIAT 集团（现为 Nexter Systems）的 AMX 10RC 轻型坦克。本节将根据 AMX 10RC 的尺寸建立模型，用于预测和强调滑移转向车辆和阿克曼转向车辆在转向响应方面的一些重要差异[15]。

图 7.25　GIAT AMX 10RC 轻型坦克正在进行顺时针中心转向
（资料来源：由法国奈克斯特系统公司提供）

### 7.2.1　轮胎的力-滑移数据

AMX 10RC 的轮胎型号为米其林 XL 14.00 R 20。这些轮胎的"力-滑移"数据无法获得，而且大卡车轮胎的"力-滑移"特性数据相对公布较少。然而，Pacejka[11] 利用 Calspan 平轨设施获得并发表了 315/80 R 22.5 型轮胎的数据；Gohring et al.[16] 发表了使用移动轮胎测力计测得的 12.00 R 22.5 轮胎的数据；博世汽车手册[17] 提供了 11.00 R 20 型轮胎的数据；Ervin et al.[18] 公布了一系列卡车和公共汽车轮胎转向和制动的性能数据。这里使用的是 Gohring et al.[16] 提供的轮胎特性数据（图 7.26）。

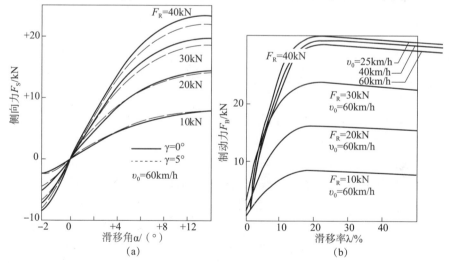

图 7.26　基本的轮胎力特性
(a) 侧向力-滑移角；(b) 制动力-滑移率。
（资料来源：博世汽车手册）

在进行轮胎的建模分析时，往往会进行若干简化和假设：①忽略了自回正力矩（阿克曼转向车辆模型除外）；相对于车辆转向所需的力矩，回正力矩通常非常小，尤其是在小半径转向时，侧偏角较大且远超出轮胎的线性范围；②忽略轮胎外倾的影响。关于卡车轮胎外倾刚度的信息很少，这可能是因为大部分安装在梁轴式车辆上的轮胎，即使在车辆的横向加速度较高的情况下，轮胎的外倾角仍然很小。Pacejka[11] 报道了一些结果，表明轮胎的外倾刚度相对较低。AMX 10RC 安装的是拖曳臂式独立悬挂，没有车辆侧倾刚度方面的数据，可能是因为车辆侧倾角度和因此引起的轮胎外倾角仅在横向加速较大时显著存在。

用于计算轮胎性能的曲线如图 7.26 所示。图 7.26（a）显示了三种不同载荷下侧向力随侧偏角的变化。文献［17］还显示了胎面磨损的影响，随着胎面厚度从 95% 减少到 30%，侧偏刚度会明显增大。这表明，任何期望得到轮胎"精确"属性的数据搜索可能都有些不切实际。

图 7.26（b）显示了四种负载条件下，制动力随滑移率的变化。滑移率较高时的制动力与多种因素有关：路面、轮胎的磨损状态、轮胎的温度、滑动速度（尤其重要）[19]。在滑移转向中，滑动速度较低时（最高至 1.35m/s），假定较高的滑移力值（约为峰值的 0.9 倍）是合理的。假定牵引力特性与制动力特性相同，但具有相反的符号（方向）。

### 7.2.2 轮胎模型的选择

轮胎模型的一个重要要求是在滑移率和侧偏角的值较小和较大时都能合理地反映轮胎的受力情况。所选择的最合适的模型是由 Sharp 和 Bettella[20] 开发，后来由 Sharp[21] 改进的轮胎模型。该模型使得复合滑移特性可以由相对有限的"剪切力-滑移率"数据来计算得到。相比之下，Pacejka 针对复合滑移的"魔术"公式模型[13] 融入了 Bayle 等提出的方法[22]，需要提供较充分的复合滑移数据。

Sharp 模型使用了基本的 Pacejka "魔术"公式模型结合 Pacejka[11] 描述的"相似性"程序（即"无量纲化和归一化"）。这说明对于任何载荷，归一化的侧向力、纵向力和横向/纵向合力都可以用相应的归一化滑移函数来描述。

二次参数由图 7.26 中的曲线通过最小二乘法拟合来确定。力的归一化系数为

$$\overline{F}_x = \frac{F_x}{F_{x,\max}}, \quad \overline{F}_y = \frac{F_y}{F_{y,\max}} \tag{7.21}$$

对于滑移和侧滑：

$$\overline{\kappa} = \frac{C_{F\kappa}\kappa}{F_{x,\max}}, \quad \overline{\alpha} = \frac{C_{F\alpha}\tan\alpha}{F_{y,\max}} \tag{7.22}$$

式中：$F_x$ 为轮胎纵向力；$F_{x,\max}$ 为轮胎最大纵向力；$F_y$ 为轮胎侧向力；$F_{y,\max}$ 为轮胎最大侧向力；$C_{F\kappa}$ 为轮胎纵向力刚度；$C_{F\alpha}$ 为轮胎侧向力刚度；$\alpha$ 为侧偏角；$\kappa$ 为轮胎纵向滑移率。

对于"魔术"公式描述的归一化"力-滑移"数据，归一化系数为 $D'=1$，$C'$ 和 $E'$ 不变，可证明 $B'=1/C'$[18]。

在纵向和侧向力关系中，有必要采用折中的 $C$ 和 $E$ 的值来建立一条主曲线。对于标称载荷或静载荷为 30kN 的试验车辆轮胎，$C$ 的取值相同，为 1.3；而对于侧向力，$E$ 值取为 -2.27；对于纵向力取为 -1.04。$E$ 的算术平均值为 -1.65，这就在纵向力曲线和侧向力曲线之间取得了合理折中。

对于复合滑移，归一化复合滑移比定义为

$$\bar{\lambda} = (\bar{\alpha}^2 + \bar{\kappa}^2)^{0.5} \tag{7.23}$$

通过该式，使用"魔力"公式可以计算总的滑移力 $\bar{F}_s$。

对于复合滑移，然后通过一定的算法，将从低滑移率到高滑移率的曲线进行平滑过渡。在低滑移区，即黏着区，纵向剪切力和横向剪切力取决于 $C_{F\kappa}\kappa$ 和 $C_{F\alpha}\alpha$；而在高滑移区，即滑动接触区，剪切力在方向上与滑移矢量相反，取决于轮胎载荷和有效摩擦系数的乘积。设计了非线性变换使得归一化峰值函数 $\bar{\alpha}_p = \bar{\kappa}_p = \bar{\lambda}_p$，与 $\kappa_p$ 和 $\alpha_p$ 一致。$\bar{\lambda}_p$ 使用式（7.15）进行计算，用于轮胎特性时取值 2.12。于是：

$$\bar{F}_x = \bar{F}_s \left( \frac{\bar{K}}{\bar{\lambda}} \right), \quad \bar{F}_y = \bar{F}_s \left( \frac{\bar{\alpha}}{\bar{\lambda}} \right) \tag{7.24}$$

反归一化得到

$$F_x = F_{x,\max} \times \bar{F}_x, \quad F_y = F_{y,\max} \times \bar{F}_y \tag{7.25}$$

Sharp 在后来的工作中，改进了获得复合滑移结果的过程。改进后的过程与汽车轮胎的一些复合滑移测量值有更好的相关性，也是本书所采用的方法。文献 [20-21] 给出了这两种方法的完整算法。车辆模型中使用的轮胎复合滑移特性如图 7.27 所示。

如果假设纵向力-滑移率和侧向力-滑移率特性与载荷依赖性相同，就可以建立一个更简单的轮胎模型。通过求平均值就可以得到适当的值。

### 7.2.2.1 滑移转向车辆：车辆模型

图 7.28 显示了在稳态转向过程中作用于车辆的力，仅显示了作用在转向外侧前轮和转向内侧后轮上的轮胎受力。基本尺寸（轴距和轮距）与 AMX 10RC 的相同。车辆的质量为 18t，在静止状态下各车轮负荷相等，均为 30kN。假设车辆两侧的车轮以相同的速度旋转（中心转向某种情况除外）。

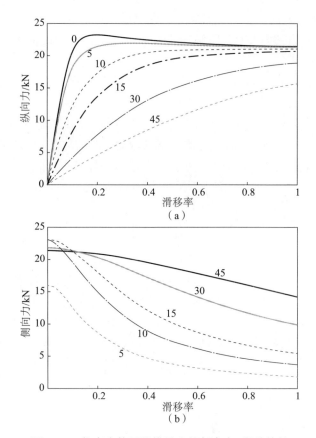

图 7.27 仿真中使用的推导出的复合力-滑移特性

(a) 不同侧偏角时的纵向力-滑移率特性；(b) 不同侧偏角时的侧向力-滑移率特性。

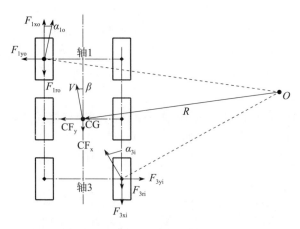

图 7.28 在稳态转向过程中作用于滑移转向车辆上的力（仅显示作用在转向外侧前轮和转向内侧后轮上的轮胎受力）

运动方程和它们的解通常与履带车辆的相同，当然，没有考虑履带的影响。

### 7.2.3 模型分析结果

#### 7.2.3.1 中性转向

对于中性转向，模型得到的回转力矩为110kN·m，滑移率为0.6。作为对比，Merritt-Steeds模型在滑移率为0.65时的回转力矩也为110kN·m。

当横摆率为0.75rad/s时，转向电机所需的输出功率为206kW。考虑到转向系统的传动效率为0.8，则转向系统的输入功率需增加到258kW，略高于假定的发动机可用功率250kW。同样，需要在转向功率和转向速率之间进行折中。

如果各车轮独立驱动，例如用电动机驱动，则可以控制中间车轮的转速低于前、后轮的转速，即以提供最大牵引力但滑移量最小的速度来驱动中间车轮，以降低转向功率的需求。以中间车轮与顶角车轮（即前、后车轮）的转速比作为变量，使用搜索算法来计算最小转向功率，将车轮的转向功率从206kW降至了148kW，中间车轮的滑移率为0.16，顶角车轮的滑移率为0.58，比例为1∶3.65。

#### 7.2.3.2 回转力矩随转向半径的变化

图7.29显示了在横向加速度较小时，回转力矩随转向半径的变化。在小半径转向时，侧偏角较大，轮胎的侧向力在峰值以下。随着转向半径增大，侧

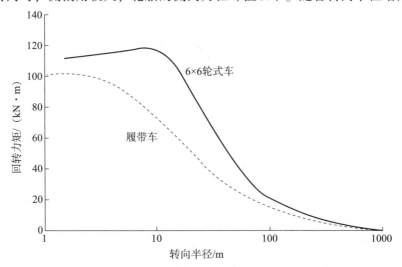

图7.29 在横向加速度较小时，不同转向半径对应的回转力矩，还显示了尺寸类似的6轴履带车辆的回转力矩

偏角减小，轮胎侧向力和回转力矩增大，在转向半径为 7.5m 时达到峰值 117.7（kN·m）。其中，前后轮的侧偏角平均值为 12°，对应于侧向力-侧偏角关系的峰值。随着转向半径的进一步增大，侧偏角和侧向力减小，回转力矩稳定下降；转向半径为 100m 时，回转力矩为 16.9（kN·m）。图 7.29 还显示了与轮式车辆具有相同的质量、轴距、轮距的履带车辆（单侧 6 个负重轮）的回转力矩。履带车辆的回转力矩明显小于轮式车辆的，部分原因是履带挂胶的刚度小于轮胎，以及履带车辆的履带对前、后负重轮的抬升效应和负重轮的数量较多。

### 7.2.3.3　以不同的速度在半径 15m 和 30m 的弯道上转向

图 7.30 显示了在半径 15m 和 30m 的弯道上行驶时，$dv/V$ 随横向加速度的变化，两条曲线之间没有明显的差别。正如预期的那样，$dv/V$ 控制产生的转向响应与阿克曼转向车辆的类似。在横向加速度较小时，为中性转向至轻微过度转向，然后从横向加速度大约为 $0.35g$ 起，变成越来越严重的过度转向。

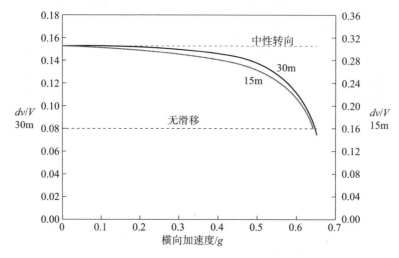

图 7.30　转向半径为 15m 和 30m 时，转向响应 $dv/V$ 随横向加速度的变化

图 7.31 显示了外侧车轮和内侧车轮的功率、转向功率、从内侧车轮向外侧车轮的转移功率以及总净功率。滚动阻力取垂向轮荷的 1%。在此处考虑的车速下，空气阻力一般都很小，因此将其忽略。从图中可见，外侧车轮和内侧车轮功率之和超过了总净功率，直到较大的功率值。内侧车轮向外侧车轮转移的功率在横向加速度 $0.3g$ 时达到峰值 234kW。

随着轮速差的增大，转向操纵功率开始增大，达到 68kW 后减小，这是因为随着横向加速度的增加，回转力矩减小，轮胎需要产生转向力。车辆侧滑角随着后轮侧偏角的增大和前轮侧偏角的减小而增大。后轮向内的力（最初来源于回转）在达到轮胎的峰值侧向力之前，会增加到轮胎特性的非线性区域。

前轮向外的侧向力减小，然后随着轮胎进入其特征的线性区域而转为向内。因此，转向力越来越多地由前轮和中间车轮承担，回转力矩随之减小。

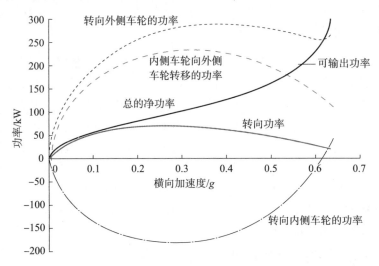

图 7.31　在半径 15m 的弯道上行驶时，转向系统各项功率流随横向加速度的变化

### 7.2.4　阿克曼转向车辆模型

建立简单的阿克曼转向车辆模型，与滑移转向车辆的响应进行比较（图 7.32）。轮胎和所有尺寸（质量、轴距、轮距）与滑移转向车辆的相同。建模时进行了如下假设：转向时，中间车轮的偏转角度为前轮的一半；每个车轴上的车轮在转向时保持平行；转向外侧车轮总的纵向力等于转向内侧车轮总的纵向力，即两侧车轮相对车辆中心力矩平衡。

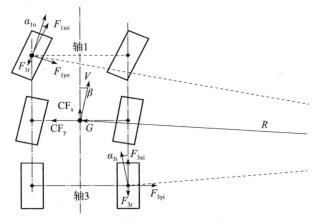

图 7.32　稳态转向时，作用于阿克曼转向车辆上的力（仅显示作用在转向外侧前轮和转向内侧后轮上的轮胎受力）

### 7.2.5 模型结果

#### 7.2.5.1 转向性能

如图 7.33 所示，阿克曼转向车辆在横向加速度 0.4g 之前表现为轻微的转向不足，然后随着横向加速度增大，转向不足越来越严重，最大横向加速度限于 0.61g。相比之下，滑移转向车辆在横向加速度 0.35g 之前表现为中性转向，然后随着横向加速度增大，过度转向越来越严重，最大横向加速度的限定与阿克曼转向车辆的相当。转向不足是更理想且更安全的转向特点。但是，对于滑移转向车辆来说，如果驾驶员感知车辆失控，降低速度，并使转向控制回位，由于回转力矩的存在，车辆具有较强的自校正效应。军用车辆转向时，不太可能产生更高的横向加速度，在低摩擦路面以较低的横向加速度转向时，滑移转向和阿克曼转向对车辆性能的影响可能更明显。为了证实这一点，采用轮式车辆模型模拟在半径 30m 的低摩擦弯道上行驶。因此，将受力曲线的峰值乘以 0.5，侧偏刚度乘以 0.75。得到峰值摩擦系数为 0.39，滑动摩擦系数为 0.35。结果见图 7.33，阿克曼转向车辆表现为转向不足，横向加速度的极限值为 0.35g；而滑移转向车辆表现为严重的过度转向，横向加速度的极限值为 0.36g。滑移转向车辆的过度转向响应可以采用某种形式的电子稳定控制系统来实施控制。

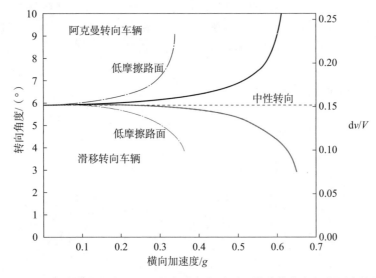

图 7.33 以各种速度在半径 30m 的弯道上行驶时，滑移转向车辆和阿克曼转向车辆的转向响应对比，同时显示了低摩擦路面行驶时的转向响应

在阿克曼转向车辆中，由于车辆每侧的车轮都以相同的速度旋转，所以

"卷起"效应可以通过比较车轮所产生的纵向力体现出来。以低速在半径 7m 的弯道上行驶时，对于转向外侧车轮，前轮的纵向力为 -3.36kN，中轮为 1.36kN，后轮为 2.7kN，即前轮起制动作用，中轮和后轮起驱动作用。通过合适的差速器使车轮之间的驱动力相等，车轮的驱动力仅为 0.23kN，即克服滚动阻力所需的驱动力。

#### 7.2.5.2 功率需求

图 7.34 比较了滑移转向车辆和阿克曼转向车辆在半径 30m 的弯道上以不同速度行驶时的功率。滑移转向车辆的净功率明显大于阿克曼转向车辆的净功率。滑移转向车辆和阿克曼转向车辆之间最主要的区别似乎就是操控滑移转向车辆所需要的功率。图 7.35 显示了保持横向加速度 0.2g 在不同半径的弯道上行驶时所需的功率。即使在半径 60m 的弯道上，滑移转向车辆所需的功率也非常大。因此，与同类型的阿克曼转向车辆相比，滑移转向车辆的燃油消耗量更大，行驶里程更短，这与行驶路线上弯道的多少和急缓有很大的关系。

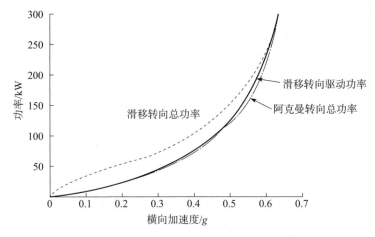

图 7.34　滑移转向车辆和阿克曼转向车辆在半径 30m 的弯道上以不同速度行驶时的功率比较

#### 7.2.5.3 轮胎磨损

由于滑移转向车辆转向时所需的车轮纵向滑移率相对较高，轮胎磨损明显高于阿克曼转向车辆；后轮的侧滑角也相对较高，会进一步加剧磨损。

### 7.2.6 转矩定向分配

许多高性能道路车辆使用各种形式的可控差速器来改变车辆的转向性能。该技术与电子控制系统结合使用，通常称为转矩定向分配[23]。所使用的差速器原理上与广泛用于操纵各种军用履带车辆转向的受控差速器相似（图 7.36）。其中，驾驶员使用两根操纵杆操作一对制动器实现左转和右转，就像双差速器一样，它们可以将扭矩从低速轴转移到高速轴，有效地使车轴与差速器之间保持

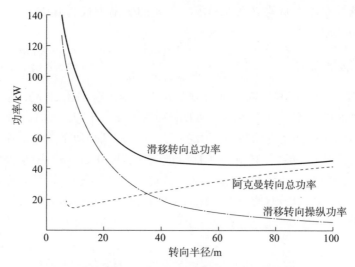

图 7.35　滑移转向车辆和阿克曼转向车辆保持横向加速度
0.2$g$ 在不同半径的弯道上行驶时所需的功率

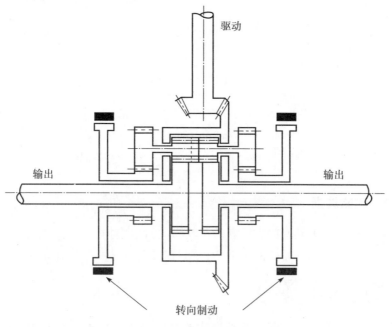

图 7.36　受控差速器

（资料来源：由 R Ogorkiewicz 提供）

固定的传动比。当制动器完全接合时，系统只提供一个固定的转向半径。对于滑移转向车辆，这种转向半径被设定为最小转向半径与制动器过度滑转之间的折中，而制动器过度滑转（即分离转向）是实施大半径转向所要求的。利用转矩定向分配，通过控制系统对制动力矩和总的转向力矩以及制动滑转程度进行调节。

可以建立一个简单的模型来研究一些可能的特性。建立6×6阿克曼转向车辆模型，在半径30m的弯道上行驶。图7.37显示了不同横向加速度时，不同扭矩转移比（转向外侧车轮总的纵向力/转向内侧车轮总的纵向力）对转向角的影响。正如预期的那样，向内侧车轮转移扭矩会增加转向不足的程度。极端的情况是自动强制锁止式差速器（又称为无滑差速器），所有的扭矩都转移到内侧车轮。第5章描述了在阿尔维斯公司的"壮汉"（Alvis Stalwart）两栖卡车上应用的自动强制锁止式差速器的特征。

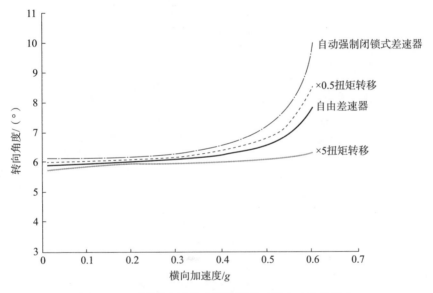

图7.37　不同程度的差动扭矩传递对转向响应的影响

图7.38显示了轮速差，图7.39显示了不同条件下的总功率需求。使用可控差速器时，由于轮胎阻力增加，扭矩转移比为5时降低了转向不足，横向加速度为0.5g时所需的总功率为61.4kW，而使用自由差速器时的总功率为55.3kW。控制差速器的制动器所耗散的能量取决于系统是如何设立的。例如，如果制动器正好被锁定，那么就不会有功率消耗，而在其他情况下，则会消耗一定的功率。

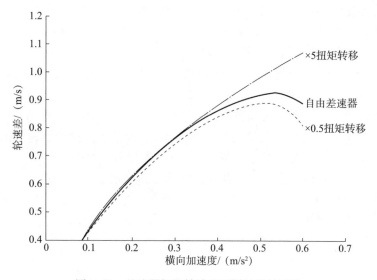

图 7.38　差速器扭矩转移比不同时的轮速差

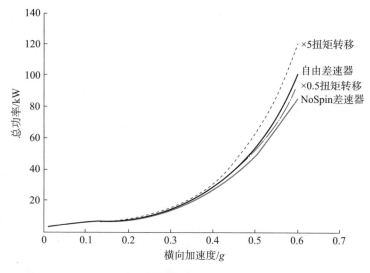

图 7.39　差速器扭矩转移比不同时的功率要求

采用电动机控制的双差速器是一种简单可控的转矩定向分配方法，可以运用一系列控制策略。在横向加速度为 $0.5g$、扭矩转移比为 5 的情况下，控制电机的功率仅需 1.6kW，由小型电机就可以提供。当扭矩转移比调整为 0.5 以增加转向不足时，所需的总功率将降至 52.7kW，输入控制电机的功率仅为 1kW。

转矩定向分配系统可以是利用方向盘角度和车速来控制转向电机转速的简单被动系统，也可以是类似于电子稳定系统（ESP）的全反馈系统。控制可能受到转向电动机转速调节或转向电动机扭矩测量两者之一的影响。

### 7.2.6.1 单轮电动机控制

Hitachi、Liebherr 和 Komatsu 制造的一些大型矿用卡车，总质量达到约 600t，使用的是电动驱动系统，每个后轮由独立的电动机驱动。这些装置用于提供扭矩矢量和滑移控制，以帮助车辆在滑溜路面上稳定行驶。

### 7.2.6.2 铰接车辆

在第 10 章讨论铰接式车辆的转向问题。

## 附录 A 运动方程

该模型仅针对稳态运动，因此在"准静态"条件下进行考虑（图 7.11）。运动方程如下：

$$CF = \sum F_w \tag{A.1}$$

式中：$\sum F_w$ 为履带/负重轮受力的矢量和；$CF$ 为离心力、惯性力或 d'Alembert 力；且有

$$CF = ma_{cp} = m\frac{V^2}{R} \tag{A.2}$$

式中：$m$ 为车辆的质量；$a_{cp}$ 为向心加速度；$V$ 为车辆重心处的速度；$R$ 为重心处的转向半径。在车辆和飞机动力学中，研究和测量加速度通常采用地球重力加速度的形式，在这里取 $9.81\text{m/s}^2$。因此，式（A.2）可写为

$$CF = \frac{W}{g}\left(\frac{V^2}{R}\right) \tag{A.3}$$

纵向分力为

$$CF_x = \sin\beta\left(W\frac{V^2}{gR}\right) = \sum F_{xo} + \sum F_{xi} \tag{A.4}$$

式中：$\beta$ 为车辆重心处的车体侧滑角；$\sum F_{xo}$ 和 $\sum F_{xi}$ 分别为转向外侧负重轮和转向内侧负重轮的纵向力之和。横向分力为

$$CF_y = \cos\beta\left(W\frac{V^2}{gR}\right) = \sum F_{yo} + \sum F_{yi} \tag{A.5}$$

式中：$\sum F_{yo}$ 和 $\sum F_{yi}$ 分别为转向外侧负重轮和转向内侧负重轮的侧向力之和。关于重心的力矩为

$$\left(\sum F_{xo} + \sum F_{xi}\right)c = \sum\left[\left(F_{yo1} + F_{yi1}\right)x_1\right] \tag{A.6}$$

其中：$\left(\sum F_{yo1} + \sum F_{yi1}\right)$ 是 1~6 轴上的侧向力，$x_1$、$x_2$ 等是重心到 1~6 轴的

距离。

负重轮在 $x$-$y$ 平面中的受力是根据负重轮上的垂向载荷，由"魔术"公式来确定的。负重轮上的垂向载荷包括静态载荷和由 $CF$ 及作用在前轮和后轮的履带张力的垂向分量引起的载荷。为了分配负重轮由于车辆侧倾和俯仰力矩引起的垂向载荷，假定车辆各负重轮处的悬挂都具有相同的刚度，而实际情况也几乎是这样。侧倾力矩 $M_r$ 定义为

$$M_r = CF_y h + [(F_{Df} + F_{Dr})\sin\gamma_f - (F_{Bf} + F_{Br})\sin\gamma_r]0.5c \quad (A.7)$$

式中：$c$ 是履带中心距的一半；俯仰力矩 $M_p$ 定义为

$$M_p = CF_x h + [(F_{Df} + F_{Bf})\sin\gamma_f - (F_{Dr} + F_{Br})\sin\gamma_r]0.5d \quad (A.8)$$

式中：$h$ 为重心至地面的高度；$F_{Df}$ 和 $F_{Dr}$ 为驱动侧（转向外侧）履带前、后下支履带的张力；$F_{Bf}$ 和 $F_{Br}$ 为制动侧（转向内侧）履带前、后下支履带的张力；$d$ 为中间轴与主动轮/诱导轮之间的水平距离；$\gamma_f$ 和 $\gamma_r$ 为履带的接近角和离去角。

$F_{Df}$、$F_{Dr}$、$F_{Bf}$ 和 $F_{Br}$ 为内、外侧主动轮上的驱动力矩和制动力矩以及主动轮两侧分段履带相对刚度的函数。相对刚度 $k$ 与主动轮两侧分段履带的有效长度成反比，即不需要履带纵向刚度值。上述等式中的变量计算如下：

$$\sum F_{xo} = F_D = F_{Dr} - F_{Df} \quad (A.9)$$

$$F_{Df} = F_{Ds1} + F_{pt} \qquad F_{Dr} = F_{Dsi6} + F_{pt} \quad (A.10)$$

如果 $F_{Df} < 0$，则 $F_D = F_{Dr}$，且

$$\sum F_{xi} = F_B = F_{Bf} - F_{Br} \quad (A.11)$$

$$F_{Bf} = F_{Bs1} + F_{pt} \qquad F_{Br} = F_{Bsi6} + F_{pt} \quad (A.12)$$

$$F_{Ds1} = F_D\left(\frac{k}{1+k}\right) \qquad F_{Dsi6} = F_D\left(\frac{1}{1+k}\right) \quad (A.13)$$

$$F_{Bs1} = F_B\left(\frac{k}{1+k}\right) \qquad F_{Bsi6} = F_B\left(\frac{1}{1+k}\right) \quad (A.14)$$

由侧倾力矩引起的负重轮载荷：

$$F_{zr} = \pm\frac{M_r}{12c} \quad (A.15)$$

俯仰力矩引起的负重轮载荷变化与车轴有关。定义俯仰刚度 $K_p$，与负重轮悬挂刚度 $K_w$ 的关系为

$$K_p = 4(1.0^2 + 0.6^2 + 0.2^2)l^2 K_w = 5.6 l^2 K_w \quad (A.16)$$

第1、6轴，第2、5轴，第3、4轴的负重轮载荷计算为

$$F_{zp} = \pm\left(\frac{M_p}{5.6l}\right)1.0 \quad (A.17)$$

$$F_{zp} = \pm\left(\frac{M_p}{5.6l}\right)0.6 \quad (A.18)$$

$$F_{zp} = \pm \left(\frac{M_p}{5.6l}\right)0.2 \quad (A.19)$$

作用在车体上的履带力的垂向分量计算如下。对于转向外侧第 1 轴负重轮：

$$F_z = F_{zs} + F_{zr} + F_{zp} - F_{Df}\sin\gamma_f \quad (A.20)$$

对于转向外侧第 2、3、4、5 负重轮：

$$F_z = F_{zs} + F_{zr} \pm F_{zp} \quad (A.21)$$

对于转向外侧第 6 负重轮：

$$F_z = F_{zs} + F_{zr} - F_{zp} - F_{Dr}\sin\gamma_r \quad (A.22)$$

对于转向内侧第 1 负重轮：

$$F_z = F_{zs} - F_{zr} + F_{zp} - F_{Bf}\sin\gamma_f \quad (A.23)$$

对于转向内侧第 2、3、4、5 负重轮：

$$F_z = F_{zs} - F_{zr} \pm F_{zp} \quad (A.24)$$

对于转向内侧第 6 负重轮：

$$F_z = F_{zs} - F_{zr} - F_{zp} - F_{Bf}\sin\gamma_r \quad (A.25)$$

# 附录 B 功率流方程

功率关系是由转向性能模型的输出、纵向履带力和速度导出的。考虑到如图 7.2 所示的双差速器并忽略摩擦损失：

$$P_o = T_o\Omega_o, \quad P_i = T_i\Omega_i \quad (B.1)$$

$$P_{nt} = P_o + P_i \quad (B.2)$$

式中：$P_{nt}$ 为车辆动力装置所需的总净功率；$P_o$ 和 $P$ 为外侧和内侧驱动轴的功率；$T_o$ 和 $T_i$ 为外侧和内侧驱动轴的扭矩；$\Omega_o$ 和 $\Omega_i$ 为外侧和内侧驱动轴的转速。为了获得转向所需的功率，$P_s = T_s\Omega_s$，我们有

$$T_o = 0.5(T_d + T_s) \quad (B.3)$$

$$T_i = 0.5(T_d - T_s) \quad (B.4)$$

式中：$T_d$ 和 $T_s$ 是驱动轴和转向轴的扭矩。用式（B.3）减去式（B.4）：

$$T_o - T_i = T_s \quad (B.5)$$

驱动轴和转向轴的转速记为 $\Omega_d$ 和 $\Omega_s$：

$$\Omega_o = \Omega_d + \Omega_s \quad (B.6)$$

$$\Omega_i = \Omega_d - \Omega_s \quad (B.7)$$

用式（B.6）减去式（B.7）：

$$0.5(\Omega_o - \Omega_i) = \Omega_s \quad (B.8)$$

式（B.5）乘以式（B.8）：

$$P_s = T_s\Omega_s = 0.5(T_o - T_i)(\Omega_o - \Omega_i) \quad (B.9)$$

同样，对于驱动功率 $P_d = T_d \Omega_d$。式（B.3）与式（B.4）相加：

$$T_o + T_i = T_d \tag{B.10}$$

式（B.6）与式（B.7）相加：

$$0.5(\Omega_o + \Omega_i) = \Omega_d \tag{B.11}$$

然后，将式（B.10）乘以式（B.11），得到：

$$P_d = T_d \Omega_d = 0.5(T_o + T_i)(\Omega_o + \Omega_i) \tag{B.12}$$

转向时，从内侧负重轮转移到外侧负重轮的功率 $P_{tr}$，并考虑外侧负重轮：

$$P_o = T_o \Omega_o = 0.5(T_d + T_s)(\Omega_d + \Omega_s) = 0.5(T_d \Omega_d + T_s \Omega_d + T_d \Omega_s + T_s \Omega_s) \tag{B.13}$$

变形为

$$P_o = 0.5[T_d(\Omega_d + \Omega_s) + T_s \Omega_d + T_s \Omega_s] \tag{B.14}$$

式中：$0.5[T_d(\Omega_d + \Omega_s)]$ 为驱动功率；$0.5 T_s \Omega_s$ 为转向功率；$0.5 T_s \Omega_d$ 为转移功率；可得出

$$P_{tr} = 0.5 T_s \Omega_d = 0.25(T_o - T_i)(\Omega_o + \Omega_i) \tag{B.15}$$

对于图7.4（a）所示的双差速器方案，转移功率由 F 轴承载；对于图7.4（b）所示的双差速器方案，转移功率由 G 轴承载。

对于主动轮等效半径 $r_e$：

$$F_{xo} = \frac{T_o}{r_e}, \quad F_{xi} = \frac{T_i}{r_e} \tag{B.16}$$

$$v_o = \Omega_o r_e, \quad v_i = \Omega_i r_e \tag{B.17}$$

$$P_o = \sum F_{xo} v_o, \quad P_i = \sum F_{xi} v_i \tag{B.18}$$

$$P_s = 0.5(\sum F_{xo} - \sum F_{xi})(v_o - v_i) \tag{B.19}$$

$$P_d = 0.5(\sum F_{xo} + \sum F_{xi})(v_o + v_i) \tag{B.20}$$

$$P_{tr} = 0.25(\sum F_{xo} - \sum F_{xi})(v_o + v_i) \tag{B.21}$$

式中：$\sum F_{xo}$ 和 $\sum F_{xi}$ 分别为转向外侧履带和转向内侧履带的纵向力之和；$v_o$ 和 $v_i$ 为转向外、内侧履带的速度；$\sum F_{xo}$ 和 $\sum F_{xi}$ 为履带挂胶与地面接触面由于车辆转向所需要的力。为了计算主动轮的扭矩输入，$\sum F_{xo}$ 和 $\sum F_{xi}$ 必须增加一个系数，考虑履带系统的内部损失，取履带垂向载荷的0.04倍，包括了考虑履带/主动轮损失的标称系数。有证据表明，这些损失在高扭矩输入时可能非常大，这取决于主动轮和履带节距的精确匹配，但这里没有考虑到这一影响。

## 参考文献

[1] Ogorkiewicz, R. M. (1968). *Design and Development of Fighting Vehicles*. Macdonald & Co.

[2] Hasluck, P. N. (1909). *The Automobile：A Practical Treatise on the Construction of Modern Motor Cars，Steam，Petrol，Electric and Petrol-Electric*. Cassell & Co.

[3] Merritt, H. E. (1946). The evolution of a tank transmission. Proceedings of the Institution of Mechanical Engineers, 154, p. 257.

[4] Steeds, W. (1950). Tracked vehicles, an analysis of factors involved in steering. Automobile Engineer, April, 143-190.

[5] Wormell, P. J. H. and Purdy, D. J. (2004). Handling of tracked vehicles at low speed. Journal of Battlefield Technology, 7 (1), 21-26.

[6] Wong, J. Y. and Chiang, C. F. (2001). A general theory for skid steering of tracked vehicles on firm ground. Proceedings of the Institution of Mechanical Engineers, 215 (D), 343-355.

[7] Kitano, M. and Kuma, M. (1978). An analysis of the horizontal plane motion of tracked vehicles. Journal of Terramechanics, 14 (4), 211-225.

[8] Ehlert, W., Hug, B. and Schmid, I. C. (1992). Field measurements and analytical models as a basis of test stand simulation of the turning resistance of tracked vehicles. Journal of Terramechanics, 29 (1), 57-69.

[9] Pott, S. (1991). Friction between rubber track pads and ground surface with regard to the turning resistance of tracked vehicles. Proceedings of the 5th European ISTVS Conference, Budapest, 105-112.

[10] Maclaurin, B. (2007). A skid steering model with track pad flexibility. Journal of Terramechanics, 44 (1)., 95-110.

[11] Pacejka, H. B. (2002). Tyre and Vehicle Dynamics. Butterworth Heinemann, pp. 172-176.

[12] Maclaurin, B. (2011). A skid steering model using the Magic Formula. Journal of Terramechanics, 48 (4), 247-263.

[13] Claushsen, W., Rinker, R. and Berthold, E. (1978). Development of a measuring method suitable to determine the lateral guidance force and traction slippage. Sixth International Conference of the International Society for Terrain Vehicle Systems, Vienna, Austria.

[14] Purdy, D. J. and Wormell, P. J. H. (2003). Handling of high-speed tracked vehicles. Journal of Battlefield Technology, 6 (2), 17-22.

[15] Maclaurin, B. (2008). Comparing the steering performance of skid and Ackermann steered vehicles. Proceedings of the Institution of Mechanical Engineers, Part D, 222 (D5), 739-756.

[16] Gohring, E. C., von Glasner, E. C. and Pflug H. -C. (1991). Contribution to the force transmission of commercial vehicle tyres. SAE paper 912692.

[17] Dietsche, K. -H. (ed.) (2014). Bosch Automotive Handbook, 6th Edition. Robert Bosch, Karlsruhe, pp. 778-779.

[18] Ervin, R. D., Winkler, C. B., Bernard, J. E. and Gupta, R. K. (1976). Effects of tyre properties on truck and bus handling. Final Report, HSRI, University of Michigan.

[19] Wilkins, H. A. and Riley B. S. (1983). The road grip of commercial vehicle tyres. IMechE Conference on Road Vehicle Handling, Paper C135/83.

[20] Sharp R. S. and Bettella M. (2003). Tyre shear force and moment descriptions by normalisation of parameters and the 'Magic Formula'. Vehicle System Dynamics, 39 (1), 27-56.

[21] Sharp, R. S. (2004). Testing and improving a tyre shear force computation algorithm. Vehicle System Dynamics, 41 (3), 223-247.

[22] Bayle, P., Forissier, J. F. and Lafon, S. (1993). A new tyre model for vehicle dynamics simulations. Automotive Technologies International, 193-198.

[23] Sawase, K., Ushiroda, Y. and Miura, T. (2006). Left-Right torque vectoring technology. Mitsubishi Motors Technical Review No. 18.

# 第 8 章
# 轮式车辆和履带车辆在松软地面的行驶性能

## 8.1 基本要求

越野车辆特别是军用车辆在松软地面上的行驶能力是车辆性能的一个重要方面。虽然对于预测车辆在混合地形的通过性和速度的"车辆-地形"模型而言，达到一定的精确度非常重要，但同样重要的是，模型要可以准确地比较轮式车辆和履带车辆在松软地面上的行驶性能以及不同车辆配置（轮式车辆的轮胎大小和数量，以及履带车辆的负重轮数量、履带宽度和节距）的影响。

"车辆-地形-速度"模型的一个例子是北约参考机动模型（NATO Reference Mobility Model，NRMM）。该模型预测了军用车辆（轮式车辆或履带车辆）在各种地形上能够达到的最大平均速度。图 3.2 描述了模型的基本构成以及计算车辆性能时考虑的所有因素。

### 8.1.1 土壤

土壤是由岩石风化形成的矿物颗粒的混合物，颗粒之间的空隙含有空气、水或者空气和水的混合物。一些土壤，特别是农业用地和森林的土壤，可能含有大量有机物质。颗粒大小可以在非常大的范围内分布。砾石是指含有粒径大于 2mm 的颗粒物土壤。粗沙到细沙的颗粒大小在 2~0.06mm 范围内，粉沙为 0.05~0.002mm，黏土小于 0.002mm。土壤通常是含有不同粒径颗粒的混合物。颗粒的形状包括块状、角状、球形等。

土壤的抗拉强度很小，但如果适当地装盛，土壤有一定的抗压强度和剪切强度。土壤的剪切变形和剪切强度是影响车辆行驶的重要特性。土壤的剪切强度与两种因素有关，即黏着因素和按库仑定律定义的摩擦因素：

$$\tau = c + \sigma \tan\phi \tag{8.1}$$

式中：$\tau$ 为剪切应力；$c$ 为黏聚应力；$\sigma$ 为压缩应力；$\phi$ 为内摩擦角。

黏性土壤通常是湿黏土，摩擦性土壤一般是干燥沙土。这些通常是土壤造成越野车辆大多数行驶问题的因素。

黏土的抗剪切强度与含水量有关，例如，将含水率从 24% 提高到 29%，可使剪切强度从 97kPa 左右降低到 28kPa 左右，降低了 70%[1]。土壤中只需要含有大约 20% 的黏土就会表现为黏性土壤。

土木工程师使用的土壤力学与车辆行驶的关联并不大，因为影响越野车辆行驶附着的地面表层土壤很容易被破坏。然而，描述浅层地面承载能力的 Terzaghi 关系式可以表明一些基本的性质。在简化形式中，一块矩形地面区域的承载能力为

$$q = cN_c + 0.5\gamma B N_\gamma \tag{8.2}$$

式中：$q$ 为承载能力；$\gamma$ 为土壤密度；$B$ 为矩形地面区域的宽度；$N_c$ 和 $N_\gamma$ 为承载能力系数。数值可由以 $\phi$ 为函数变量的图表得到。第一项与黏性有关，第二项与内部摩擦有关。还有第三项涉及土壤的深度，但与浅层地面无关。该关系表明，在黏性土壤中，履带或轮胎的宽度并不重要，而只有总接触面积才是显著相关的。对于摩擦类土壤，较宽的履带比窄长形的履带更好。同样，对于轮式车辆，较少的大尺寸轮胎比较多的小尺寸轮胎更好。相关内容见第 8.3.1 节。

另一种可能导致严重行驶问题的重要地面类型是雪地。根据密度和温度的不同，其性能可以从摩擦、黏性到打滑。这里不考虑车辆在雪地上的机动能力，但是感兴趣的读者可以参考 Shoop et al.[2] 和 Richmond et al.[3] 对这一主题的综述。

## 8.1.2 基本定义

图 8.1（a）显示了在牵引性能试验中，在轮胎上测量的力、扭矩和速度。图 8.1（b）和图 8.1（c）分别显示了在牵引和自由滚动条件下车轮的等效自由体示意图。在驱动条件下，$T$ 为输入扭矩，$F_T$ 为由轮胎产生的拉力或净牵引力，$W$ 为车轮的垂向载荷，$R$ 为地面的垂向反作用力。在自由滚动条件下，$T$ 为 0，$F_T$ 就变成了滚动阻力 $F_R$，并且作用方向相反。可以得到

$$\frac{T}{r_e} = F_G \tag{8.3}$$

式中：$r_e$ 是轮胎的有效滚动半径（详见 8.2 节）；$F_G$ 是指在轮胎附着处水平作用的总牵引力。因此：

$$F_R = F_G - F_T \tag{8.4}$$

轮胎力通常通过除以轮胎上的垂向载荷 $W$ 转换为无量纲的形式，从而产生净牵引系数 $C_T$、扭矩的总牵引力系数 $C_G$ 和滚动阻力系数 $C_R$：

$$\frac{F_T}{W} = C_T \quad (8.5)$$

$$\frac{F_G}{W} = C_G \quad (8.6)$$

$$\frac{F_R}{W} = C_R \quad (8.7)$$

滑移率 $s$ 定义如下：

$$s = \frac{\omega r_e - V}{\omega r_e} \quad \text{或} \quad s = 1 - \frac{V}{\omega r_e} \quad (8.8)$$

式中：$\omega$ 为车轮的角速度；$V$ 为车轮的前进速度。滑移率是土壤发生不可恢复变形的量度。同样的基本关系也适用于履带系统。

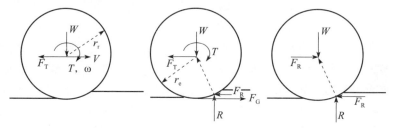

图 8.1 （a）牵引力试验中测量的参数；（b）牵引条件下车轮的自由体示意图；
（c）自由滚动条件下车轮的自由体示意图

作用在车辆上的各种运动阻力（坡度、惯性、滑移转向）需要净牵引力来克服，在某些情况下，还需要净牵引力来推动或拉动挂车、车辆、矿场刨松设备以及推土铲等。理想情况下，完整的牵引力-滑移率关系是可以获得的。

运动阻力和滑移率不仅影响车辆在特定条件下所能达到的速度，而且对车辆的油耗和行驶里程也有重要的影响。

总牵引力以车辆在任何特定速度下动力系统能够提供的最大牵引力为上限。

### 8.1.3 土壤-车辆模型

土壤-车辆模型可以是纯理论模型，也可以是部分理论或半经验模型，甚至可以是全经验型模型。第一个侧重理论分析的方法是由 Bekker 提出的，该方法试图模拟履带系统或轮胎与土壤之间的界面剪切应力和法向应力。该方法仍然依靠两个基于经验的试验来描述土壤的性质：一是测量一定载荷下的沉陷量来估计滚动阻力；另一种是测量剪切强度来估算总牵引力。然而，用这种方法预测充气轮胎性能所做的各种简化假设都脱离了实际。履带系统的尺寸和性质更容易描述，Wong 等人已针对履带车辆开发了计算机模型[4]。

弹性充气轮胎与松软地面之间的相互作用非常复杂，难以通过数学模型分析，用有限元法建模已取得了较大的进步[5-6]。这些有限元模型采用的是一组不同的理论性土壤参数，而不是 Wong 的履带车辆模型。可以直接用于比较轮式车辆和履带车辆性能的理论性牵引力模型，其开发工作仍有待完善。

下面所描述的所有模型在本质上基本都是经验性的，即依据的是采用全尺寸车辆或单个轮胎或履带系统在实地或者实验室的试验结果。这些模型主要适用于软黏性黏土；虽然也有用于预测车辆在摩擦性沙土上行驶性能的经验模型，但这些模型的开发程度参差不齐。履带车辆通常在沙质土壤中表现良好，因此几乎没有开发预测模型的动机。

## 8.2 软黏性土壤模型

### 8.2.1 车辆圆锥指数模型

经验模型中应用最广泛的是 WES（现为 ERDC）提出的车辆圆锥指数（Vehicle Cone Index，VCI）模型，并用于北约参考机动模型（NRMM）[7]。

一个重要因素是使用圆锥指数仪来测量和表征土壤的强度，测量的参数为圆锥指数（Cone Index，CI）。圆锥指数仪是一种手动操作的仪器，它安装在直径 15.9mm 的轴上，圆锥的基圆面积为 0.5 $in^2$（322.6 $mm^2$），锥角为 30°，圆锥指数仪的轴上有深度标记，并可以测量将锥体缓慢推入土壤所需的力。该仪器使用起来比较简单、快捷。CI 是指在指定深度上（通常为 0~150mm）测量的平均力除以锥体的基底面积。CI 与湿黏土的黏性强度关联性非常好[1]。进一步，还可用重塑试验来测量一个称为重塑指数（Remould Index，RI）的参数。CI×RI 称为额定圆锥指数（Rating Cone Index，RCI）。这项试验最初是为了测量当车辆在同一车辙中通过时某些土壤可能发生的强度损失。但是，这项测试比较耗时，通常只在一个区域或场地的平均地面上实施。

各种车辆行驶时的土壤强度是通过一系列多道试验得出的[8]。试验车辆在同一车辙上向前和向后反复行驶，直到车辆无法继续行驶为止，记录已行驶的次数（可通行的次数）和此时的土壤强度。此外，还测量被碾车辙深处的土壤强度。然后在另一个土壤强度不同的场地重复试验。最后绘制通行次数与土壤强度的关系图。由此得出一次通过所需的最小土壤强度，并将其称为车辆圆锥指数，用额定圆锥指数来衡量。该方法要求可以获得不同土壤强度的试验地点。

用于预测 VCI 的关系式称为机动性指数（Mobility Index，MI）。该关系式中包括了车辆的各种参数（质量、轮胎和履带尺寸等），这些参数进行不同的组合。然后利用近似线性关系从 MI 得到 VCI。

#### 8.2.1.1 履带车辆的机动性指数

在简化形式中，履带车辆的机动性指数（MI）定义为

$$MI = \frac{50fW_v}{b^2 l} + \frac{W_v}{10n_t bp} \tag{8.9}$$

式中：$W_v$ 为车辆重量（lbf[①]）；$b$ 为履带宽度（in[②]）；$l$ 为履带着地长（in）；$n_t$ 为负重轮的总数；$p$ 为履带节距（in），$f$ 为与车辆重量相关的因数。

在 MI 中还可以包括针对车底距地高、功率/重量比、传动系统类型的修正因子，但对其值的影响较小，可以将不同的值代入关系式来确定 MI 的值。

第二项看来是合理的，因为它有压力的单位，并且似乎考虑了负重轮下的压力峰值。然而，第一项具有相当不适当的特殊重量单位（对于黏性土壤-车辆模型），并且 $b^2$ 似乎过度强化了宽履带的益处。

通过在 MI 关系式中代入某典型的重型装甲车辆的参数值，我们得到 MI=100+7，第一项是造成结论相当令人不满意的最主要原因。因数 $f$ 随着车辆重量的增加而增加（分段增加），通常情况下，履带宽度 $b$ 会削弱 $b^2$ 的影响。但是，如果要研究安装不同宽度的履带对某型既定车辆的影响，这种方法则不适用。

为了进一步得到牵引拉力（Drawbar Pull，DBP）和滚动阻力（Rolling Resistance，RR）系数的预测关系式，还进行了牵引拉力（DBP）和滚动阻力（RR）试验，这些关系式以"剩余"RCI（记为$RCI_X$，$RCI_X$=实际 RCI-VCI）为基础，该指标比 VCI 更能表征车辆在软土路面上的行驶性能。

#### 8.2.1.2 轮式车辆的机动性指数

为了计算轮式车辆的 MI，采用了类似的经验关系式。在简化形式中，忽略车底距地高、功率/重量比和传动系统类型：

$$MI = \frac{1000fW_v}{bdn(10+b)} + \frac{W_v}{2000n} \tag{8.10}$$

式中：$b$ 为轮胎在充气但无载荷时的截面宽度（in）；$d$ 为轮胎在充气但无载荷

---

[①] 1lbf=4.45N。

[②] 1in=25.4mm。

时的总直径（in）；$n$ 为车轴数；$f$ 为取决于轴负荷的系数。代入典型重型卡车的参数，得到 MI=210.6+9.2。同样可以看到，第一项是主导项。因此可以简化为以下形式：

$$\mathrm{MI} = \frac{kW_\mathrm{v}}{bdn(10+b)} \quad (8.11)$$

考虑到 MI 越小，车辆的性能越好，该表达式表明增大轮胎宽度要比增大轮胎直径更好，这与其他方法的预测相反。对不同的轮胎变形（轮胎气压）进行了校正。为了预测 RR，NRMM 采用了机动性数值方法（见下文）。

## 8.2.2 WES 机动性数值模型

本系统是在滑移率受控的条件下，在实验室土仓中进行的一系列不同大小的单个轮胎牵引性能试验的基础上开发的[9]。这些试验使用的是湿润的高塑性均质黏土。对干燥沙土的试验也采用了类似的方法。从滑移率 $C_\mathrm{T20}$ 为 20% 时的牵引力系数和自由滚动时的滚动阻力系数 $C_\mathrm{R}$（自由滚动）两个方面对试验结果进行了分析。滑移率的取值之所以采用 20%，是因为研究发现滑移率为 20% 时，轮胎能提供近乎最大的牵引力，而且不会过度丧失前进速度。

然后根据轮胎的尺寸、载荷和 CI，将牵引力系数描述成无量纲机动性数值的形式。在研究了多种公式后发现，将试验数据与预测曲线吻合得最好的公式是

$$N_\mathrm{C} = \frac{\mathrm{CI} \times bd}{W_\mathrm{t}} \left( \frac{\delta}{h} \right)^{0.5} \left( \frac{1}{1+b/2d} \right) \quad (8.12)$$

式中：$N_\mathrm{C}$ 为黏土的轮胎-土壤无量纲机动性数值；$W_\mathrm{t}$ 为轮胎的垂向载荷；$\delta$ 为轮胎在硬质地面上的变形量；$h$ 为轮胎在充气但无载荷时车轮轮辋边缘至胎面的截面高度。

WES 还将他们的实验室单轮试验结果与一些全轮驱动车辆在一系列不同土壤类型条件下的牵引力实地试验结果进行了比较。除了有较大的数据散布外，与实验室测试结果相比，实地试验的结果表现出性能下降，尤其是在 $N_\mathrm{C}$ 取值较高的情况下。这被认为是由于试验条件控制不严密（非均质土壤、车轮滑移率的控制不精准等）和车辆影响（扭矩失速、轮胎负载不均、自由差速器、车底距地高消失等因素）导致的。如果使用 RCI 而不是 CI，则数据散布略有减小。NRMM 使用式（8.12）来估计滚动阻力[7]。

尽管有人试图得到适用于履带系统在黏土中的 WES 机动性数值，但目前尚无结果。NRMM 采用了简化形式的"履带-沙土"模型。

### 8.2.3 平均最大压力

平均最大压力（Mean Maximum Pressure，MMP）法最初由 Rowland 在 1972 年提出[10]。他通过回顾理论预测方法，结合履带车辆下的地面压力实际测量结果提出了这种方法。

许多测量工作是在第二次世界大战期间或之后进行的，当时履带车辆的机动性受到一些关注，因为在德国发生了大量坦克无法行驶方面的问题。Rowland 提出了用于描述软黏土中履带车辆负重轮下最大压力平均值的表达式：

$$\mathrm{MMP} = \frac{1.26 W_\mathrm{V}}{2nbe(pd)^{0.5}} \qquad (8.13)$$

式中：$n$ 为单侧履带的负重轮数；$d$ 为负重轮直径；$e$ 为履带板面积比（计算方式：履带板的实际投影面积除以履带板的法向面积 $p \times b$）。

Rowland 提出，MMP 将是表征履带车辆通过性能的良好基础。基于美国所做的通过性试验结果，他指出车辆的 MMP 与其可通行的最低极限土壤强度有相当好的相关性：

$$\mathrm{CI} \text{ 极限值} = 0.83 \mathrm{MMP} \qquad (8.14)$$

将该极限土壤强度记为 $\mathrm{MMP_L}$。为了得到适用于轮式车辆的 MMP 表达式，Rowland 使用 WES 轮胎数值作为变量，经过转换和变形，并删除 CI 项，得到表达式

$$\mathrm{MMP} = \frac{3.33 W_\mathrm{V}}{2nb^{0.85}d^{1.15}(\delta/h)^{0.5}} \qquad (8.15)$$

此式是依据上文用于履带车辆的表达式，并为了匹配 WES 测量的车辆通行所需的最低土壤强度（即极限 $\mathrm{CI} = 0.83 \mathrm{MMP} = \mathrm{MMP_L}$）而得到的。因此针对轮式车辆的 MMP 是由牵引性能测量得到的，而不是像履带车辆一样由压力测量得到的，尽管它以压力作为单位。

Rowland 后来对式（8.15）中的常数 3.33 进行了修正，针对不同车轴数、非驱动轴数或无差速锁的车辆，其值不同[11]。但是，未对修正的原因和数据做充分的解释。而且没有明确的证据表明，在轮胎型号和轮胎负载相同的条件下，8×8 车辆在松软地面上的行驶性能比 4×4 车辆的差。

### 8.2.4 车辆极限圆锥指数（VLCI）

VLCI 模型是由 DERA 根据一系列单个充气轮胎和模块化履带系统的牵引试验结果开发的。DERA 的试验是使用移动测试仪进行的（图 8.2）。这种机器可以在实地对单个轮胎或履带系统的牵引性能进行测试，但仪器设备和实验控制需

要在实验室条件下进行。车轮或履带系统的牵引力与母车的牵引力是作用力与反作用力,母车采用的是履带底盘。由母车驱动的静液压驱动可以精确控制试验轮胎或履带的滑移率。这类移动测试仪的一个显著的优点是可以测量负牵引力。当使用测试车辆及牵引杆进行牵引试验时,负牵引力的测量是非常困难的。测量的参数包括车轮或履带系统的推力、扭矩输入、车轮或履带速度以及测试仪的速度。车载计算机记录和显示测量的数据,并在测试运行过程中控制滑移率。

图 8.2　DERA 移动测试仪测试现场

土壤强度采用圆锥指数仪进行测量。试验场地的土壤是细粉土,有一定比例的有机无定形泥炭土。土壤平均强度 CI 为 375kPa。尽管在试验场地的较大区域内,土壤强度随深度的变化非常一致,但也尽可能选择较多的点位进行 CI 测量,以减少实地试验中不可避免的差异性影响。每一次 CI 测量都包括往复两趟,在同一车辙中重复一趟造成的土壤强度变化非常小。

### 8.2.4.1　轮胎

滑移率受控功能的一个重要的优点是可以在同一车辙中重复运行,以模拟多轴车辆的效果。车轮通常以恒速运转,而测试仪的速度是变化的。使用的滑移率从 100%(试验仪静止,而车轮转动)逐渐增加到大约 −20%(车轮制动),滑移率在 −20% 到 40% 的重要区域缓慢变化。还对自由滚动条件下的轮胎进行了测试,与不同滑移率试验的滚动阻力进行比较。

除了一个轮胎为光滑胎面外,其他的试验轮胎均为块状胎面。使用的 8 个轮胎，直径为 1.48~1.10m，宽度为 0.604~0.366m。最大垂向载荷为 54.72kN，最小垂向载荷为 22.16kN。轮胎的标准变形量（$\delta/h$ 通常为 0.18）约为大多数轮胎标准变形量的 2 倍。总共实施了 125 次以上的不同滑移率试验和 40 次多自由滚动阻力试验。

采用机动性数值方法和最小二乘拟合方法对试验数据进行了分析。大量的机动性数值计算如下。最简单的机动性数值是 CI/充气压力。得到的均方差（Mean Square Deviation，MSD）为 0.889。轮胎尺寸参数采用 CI $bd/W$ 的形式可以将 MSD 降至 0.359。将其修改为包括轮胎变形项的形式（CI $bd/W$）$(\delta/h)^{0.5}$，可以将 MSD 降低到 0.183。引入轮胎形状因子得到标准的 WES 机动性数值（式（8.12））可以进一步将 MSD 降低至 0.177。

Brixius[12] 使用较为复杂的数值 $\dfrac{CIbd}{W}\left(\dfrac{1+5\delta/h}{1+3b/d}\right)$，得到的 MSD 为 0.254。

对轮胎牵引力数据描述最好（MSD 为 0.172）的参数表达式是

$$N_M = \frac{CIb^{0.9}d^{1.1}}{W}\left(\frac{\delta}{d}\right)^{0.45} \quad 或 \quad N_M = \frac{CIb^{0.9}d^{0.65}\delta^{0.45}}{W} \quad (8.16)$$

该式的一个优点是消除了 $h$ 项，因为 $h$ 可以用不同的方式定义和测量，从而带来差异。该参数还可以对总直径相同但轮缘直径明显不同的轮胎进行区分，而含有（$\delta/h$）项的机动性数值并非如此。

图 8.3 绘制了多次通行时的 $C_{T20}$（滑移率为 20%时的牵引力系数）随该参数的变化。每个数据点是在同一车辙中 4 次行驶的平均值，CI 是第一次行驶时的土壤强度，即模拟配备了差速锁的多轴车辆的性能。第一次行驶与随后几次行驶的牵引力差别不大。

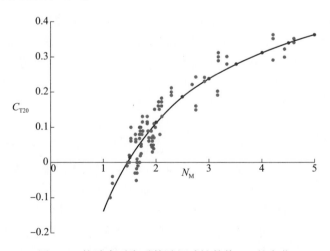

图 8.3　轮胎牵引力系数随机动性数值 $N_M$ 的变化

零净牵引时的 $N_M$ 值为 1.45，由此可以推算车辆可通行的极限土壤强度（记为 VLCI）为

$$\text{VLCI} = \frac{1.45 W_V}{2nb^{0.9}d^{0.65}\delta^{0.45}} \tag{8.17}$$

该参数适用于最多可以有四个车轴和差速锁的所有轮式车辆。与 $C_{T20}$、$C_R$、$C_G$ 的关系如下：

$$C_{T20} = 0.6 - \frac{1.42}{N_M + 0.91} \tag{8.18}$$

$$C_R = 0.015 + \frac{0.29}{N_M - 0.22} \tag{8.19}$$

$$C_{T20} = 0.615 - \frac{0.98}{N_M + 1.42} \tag{8.20}$$

对于变形很小的轮胎或实心轮胎，可采用以下公式：

$$N_{MS} = \frac{\text{CI}b^{0.95}d^{1.05}(1-\delta/d)^{-6.5}}{W} \tag{8.21}$$

该式与 $N_M$ 具有相同的 MSD。与 $C_{T20}$、$C_R$ 和 $C_G$ 的相关关系如下：

$$C_{T20} = 0.6 - \frac{7.47}{N_{MS} + 4.98} \tag{8.22}$$

$$C_R = 0.15 + \frac{1.53}{N_{MS} + 0.9} \tag{8.23}$$

$$C_G = 0.615 - \frac{5.46}{N_{MS} + 8.61} \tag{8.24}$$

对滚动阻力系数和总牵引力系数描述最好的参数 $N_{RR}$ 和 $N_{GT}$ 为

$$N_{RR} = \frac{\text{CI}b^{0.55}d^{1.45}}{W}\left(\frac{\delta}{d}\right)^{0.55}, \quad N_{GT} = \frac{\text{CI}b^{0.95}d^{1.05}}{W}\left(\frac{\delta}{d}\right)^{0.3} \tag{8.25}$$

这表明，较大的轮胎变形和较大直径的窄型轮胎有利于降低滚动阻力。而大尺寸的轮胎有助于提高总牵引力。

## 8.2.4.2 履带

在同一个试验场用履带装备也进行了试验。负重轮的数量、负重轮的直径和履带系统的垂向载荷是变化的。与轮胎的试验数据相比，履带的试验数据更加分散，但基于 MMP 的表达式可以较好地进行描述：

$$N_T = \frac{\text{CI}nbep^{0.5}d^{0.5}}{W_V} \tag{8.26}$$

图 8.4 是履带装备的 $C_{T20}$ 随 $N_T$ 的变化。由此可以得出履带车辆的 VLCI 表达式

$$\mathrm{VLCI} = \frac{1.23 W_V}{2nbep^{0.5}d^{0.5}} \tag{8.27}$$

式中：$W_V$ 为车辆重量；$n$ 为每侧负重轮的数量。

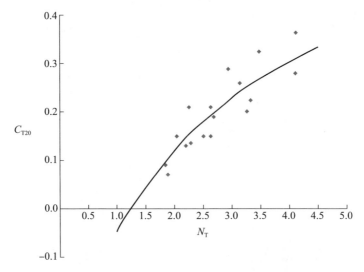

图 8.4 履带牵引力系数随机动性数值 $N_T$ 的变化

为了进行比较，MMP 法得到车辆可通行的最低极限土壤强度 $\mathrm{MMP_L}$ 为

$$\mathrm{MMP_L} = \frac{1.05 W_V}{2nbep^{0.5}d^{0.5}} \tag{8.28}$$

也就是说，土壤的极限强度是 VLCI 指标的 85%。$C_{T20}$ 和 $C_R$ 关于 $N_T$ 关系式如下：

$$C_{T20} = 0.7 - \frac{2.51}{N_T + 2.35} \tag{8.29}$$

$$C_R = 0.03 + \frac{0.21}{N_T - 0.65} \tag{8.30}$$

图 8.5 比较了一系列轮式车辆和履带车辆的 VLCI 和 VCI 值。尽管采用了不同的方法来建立数值，但总体趋势表明两者之间有较好的一致性。这也反映了一个事实：两者基本上都是基于车辆和移动测试仪实地测试结果的经验模型。

图 8.6 比较了不同 CI 值的 VCI 和 VLCI 模型给出的"勇士"（Warrior）车辆的 $C_{T20}$ 和 $C_R$ 值。两种模型的 RR 值非常相似，但 DBP 曲线有较大的差异，从极限土壤强度值开始，VCI DBP 随着土壤强度增加而迅速增加。

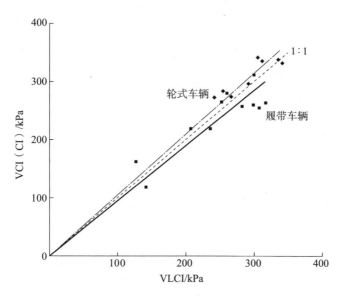

图 8.5　一系列轮式和履带车辆的 VCI 和 VLCI 值对比

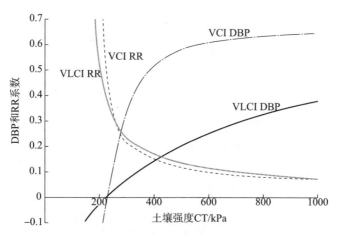

图 8.6　依据 VCI 和 VLCI 模型得到的"勇士"车辆牵引力系数和滚动阻力随土壤强度变化的比较

## 8.3　干摩擦土壤模型

### 8.3.1　轮式车辆的 WES 机动性数值

WES 还对一系列充气轮胎在干燥沙土中的性能进行了单轮土槽试验[9]。

最能描述试验数据的表达式是

$$N_S = \frac{G(bd)^{1.5}}{W}\left(\frac{\delta}{h}\right) \qquad (8.31)$$

式中：$G$ 为圆锥指数梯度，即 CI 随锥体基部穿透深度变化曲线的正切。由实验室试验得到的预测关系为

$$C_T = 0.5 - \frac{5.9}{N_S + 7} \qquad (8.32)$$

$$C_R = 0.01 + \frac{0.83}{N_S - 2} \qquad (8.33)$$

WES 还在不同的试验地点对一系列车辆进行了实地试验，得到以下关系：

$$C_T = 0.521 - \frac{12.97}{N_S + 19.7} \qquad (8.34)$$

$$C_R = 0.045 + \frac{0.83}{N_S - 2} \qquad (8.35)$$

在 NRMM 中使用了不同的表达式和预测关系。对于 DBP：

$$N_{SN} = \frac{CI2nb^{1.5}d^{1.5}}{(1-\delta/h)^3 W_V} \qquad (8.36)$$

应当注意的是，该表达式不是无量纲的，必须使用磅、英尺和英寸等单位来衡量。

对于滑移率 15% 时的牵引力系数，使用以下表达式：

$$C_{T15} = 0.52 - \frac{396}{N_S + 557} - 0.05(\delta/h) \qquad (8.37)$$

最后一项的目的是考虑轮胎的内部损耗。然而，由于预测关系是基于 WES 实验室试验得到的，轮胎的内部损耗包含在测量值中。

对于 RR，使用略有修改的表达式

$$N_{SNR} = \frac{CI2nb^{1.5}d^{1.5}}{(1-\delta/h)^3 W_V}\left(\frac{1}{1-b/d}\right) \qquad (8.38)$$

$C_R$ 采用一个比较详细的表达式来描述：

$$C_R = 0.52 - 0.002287 N_{SNR} + [(0.44 - 0.002287 N_{SNR})^2 + 0.0000457 N_{SNR} + 0.08]^{0.5} + 0.05\delta/h \qquad (8.39)$$

### 8.3.2 DERA 试验

没有使用 DERA 的移动测试仪在摩擦土壤路面上进行单轮试验，而是用一辆名为 EXF 的德国车辆和一些履带车辆进行了试验。EXF 是一款 8×8 的试验车辆，重 31.1t，试验在一个较大的带顶棚的土坑中进行（图 8.7）。所使用的沙土

为 BSCS 型 SP，平均 G 值（CI 梯度）为 1900kPa/m，为明显的软沙。每行驶一趟，沙子都要重新打散、碾压和平整，每一种测试条件下至少测试 4 次。

图 8.7　DERA 试验沙坑

（资料来源：由英国国防部提供）

图 8.8 绘制的是 EXF 车辆的 $C_{T20}$ 测量值随 $\delta/h$ 的变化，并与 WES 和 NRMM 的预测关系进行了比较。可见，测量值比预测值明显要大得多。从图中还可以看到，忽略 NRMM 预测表达式中的轮胎内部损耗可以略微提高预测效果。

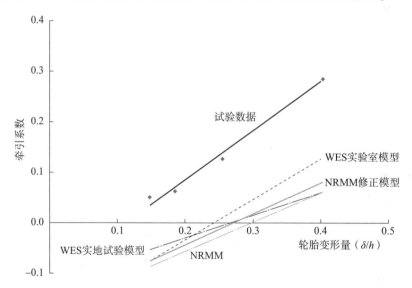

图 8.8　EXF 车辆的沙土试验结果：不同轮胎变形量时，牵引力系数试验值与预测值的对比

图 8.9 绘制了滚动阻力系数 $C_R$ 的测量值随 $\delta/h$ 的变化，并与 WES 和

NRMM 的预测值进行了比较。可见,WES 和 NRMM 的预测值明显大于测量值,特别是 WES 实验室和实地试验所得模型在标准胎压条件下的预测值。尤其是当 $\delta/h$ 值较大时,NRMM 表现出更好的预测效果。忽略轮胎损耗因子可以略微提高预测效果。

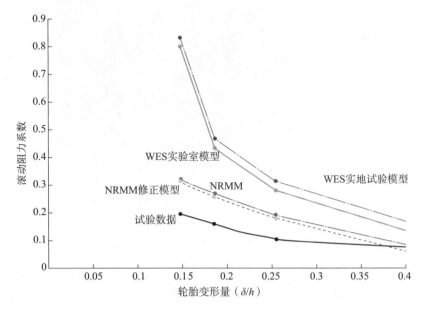

图 8.9 EXF 车辆的沙土试验结果:不同轮胎变形量时,滚动阻力系数试验值与预测值的对比

试验值与预测值存在明显的差异,目前普遍认为 G 值无法充分表征软砂的强度。

Reher 和 Pena 将轮胎在软黏土和干燥沙土中的 WES 机动性数值方法预测值与在实验室土仓中用单个轮胎测量的结果进行了比较[13]。结果表明,黏土表达式对重塑的黏土具有很好的预测作用,主要是因为圆锥指数仪能较好地表征土壤的黏聚力 $c$(黏土的主要强度要素)。与剪切叶片的对比表明:

$$CI = 11c \tag{8.40}$$

这与其他研究结果是一致的。

与之相比,用于沙土的关系式所预测的牵引力明显高于实测值。然而,应当指出的是,试验所用的是可以侵入泥土的农用胎面轮胎。因为随着滑移率增大,这种胎面容易刨出土壤形成沟道,被认为不适合在沙地上使用。通常推荐在沙地使用光滑或轻型轮胎。此外,对在零充气条件下的轮胎进行了试验,即负载仅由轮胎胎体支撑,这将导致接触压力不均匀。其他试验[14]也表明了沙地条件下的差异。圆锥指数梯度基本上是衡量土壤摩擦角和密度的指标。Reece 和 Pena 提出,一个没有在数值上解释的重要变量是沙的可压缩性。Turnage[15] 试图采用一个非常复杂的试验流程来提高 WES 方法的预测能力。该方法没有考虑土壤的可压缩性，但似乎需要测量沙土的相对密度，这是一个适合于实验室试验的流程，且必须使用打乱的样品进行。

车辆的前轮会为后面的车轮压实土壤，但是尚不清楚可压缩性有多重要。应该指出的是，与 Reece 和 Pena 的结果相反，DERA 试验得到的牵引力系数比 WES 方法的更高。

因此，目前还没有比较简单的方法来预测车辆在摩擦性土壤中的性能。然而，基本的 WES 方法可能是一种可用于装有不同轮胎的轮式车辆相对性能对比的合理方法。

### 8.3.3 履带车辆

履带车辆通常在沙土中的行驶性能良好，其性能预测方法比轮式车辆的发展较慢。用于履带车辆的 NRMM 沙土行驶性能数值为

$$N_{TS} = 0.6G \frac{2b^{1.5}l^{1.5}}{W_V} \tag{8.41}$$

除了 $N_{TS}$ 取低值时（在这种情况下，可用 NTS 作为预测值），$C_{T20}$ 通常取值 0.39[7]。在所有条件下，$C_R$ 均可取值 0.145。

图 8.10 显示了不同履带车辆的 $C_{T20}$ 测量值，其平均值 0.36 与 NRMM 值 0.39 相当吻合。图 8.11 显示了不同履带车辆的 $C_R$ 测量值，其平均值 0.11 略低于 NRMM 值 0.145。

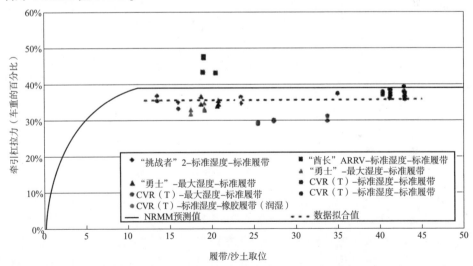

图 8.10 不同履带车辆的牵引力试验值与 NRMM 预测值的对比

（资料来源：由英国国防部提供）

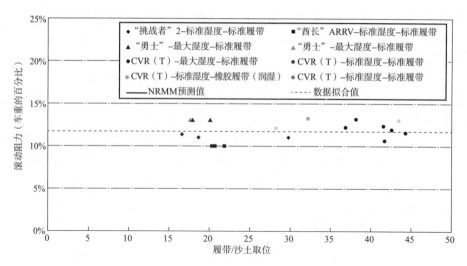

图 8.11 不同履带车辆的滚动阻力试验值与 NRMM 预测值的对比
(资料来源：由英国国防部提供)

## 8.4 装甲车辆行驶系统的空间效率

对于给定的总长度和宽度，车内体积要尽可能大，车辆轮廓要尽可能低，这对于装甲车辆来说非常重要。我们通过大致的观察也会发现，履带车辆行驶系统的空间效率比轮式车辆的要高得多。以质量均为 30t 的履带车和 8×8 轮式车为例进行对比，行驶系统的参数如表 8.1 所列。

表 8.1 行驶系统的参数

| 车型 | 重量/t | 车轴数 | (履带/轮胎宽度)/m | (负重轮/轮胎直径)/m | VLCI/kPa | 履带节距 | | 履带板面积比 |
|---|---|---|---|---|---|---|---|---|
| 履带 | 30 | 6 | 0.46 | 0.61 | 229 | 0.152 | | 0.95 |
| 轮式 | 30 | 4 | 0.46 | 1.35 | 341 | 胎压情形 | 道路 | 变形量/m | 0.047 |
| | 30 | 4 | 0.46 | 1.35 | 308 | | 轨道 | | 0.059 |
| | 30 | 4 | 0.46 | 1.35 | 267 | | 泥泞地 | | 0.081 |
| | 30 | 4 | 0.46 | 1.35 | 217 | | 紧急情况 | | 0.128 |

这表明，在紧急胎压状况下，轮式车辆具有与履带车辆相似的极限土壤强度。在泥泞地胎压条件下，轮式车辆的通过性无法与履带车辆的通过性相比。

如果认为车辆可以采用滑移转向，但实际上这种布局的轮式车辆是不可行的，因为轴距长达约 4.35m，而采用滑移转向的 6×6 车辆 AMX 10RC 的轴距仅为 3.1m。此外，假设轮式车辆采用臂内驱动的拖拽臂悬挂（如 AMX 10RC），轮臂必须位于轮胎旁边，而履带车辆的轮臂（平衡肘）通常位于履带的轮廓内。

图 8.12 显示了履带车辆和轮式车辆的轮廓和假定的尺寸。由此，得到至上部虚线围成的车体内部空间的总面积，履带车辆为 $2.71m^2$，轮式车辆为 $2.07m^2$。这表明采用 H 型传动系统和滑移转向的轮式车辆可以达到接近履带车辆的空间效率，但这里没有考虑车体内部的传动系统和悬挂部件。

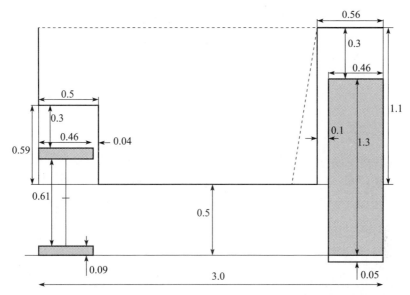

图 8.12　松软地面行驶性能类似的履带式和轮式车辆的空间要求比较。假设轮式车辆采用 H 型传动系统、滑移转向和拖拽臂式悬挂。图中的虚线是阿克曼（Ackermann）转向车辆的截面轮廓

如果轮式车辆采用阿克曼转向（更有可能的选择）和横臂式悬架，那么车体的内部面积将减少到约 $1.43m^2$，约为履带车辆的一半。图 8.13 展示了采用这种布置的一个例子，即采用 H 型传动系统的阿尔维斯公司"壮汉"两栖卡车。可用的车体内部空间被用来容纳发动机、传动系统、转向系统、油箱和电池。负载平台位于后轮和中轮上方，这使得无法够着发动机成为一个问题。如果采用 I 型传动系统，车体必须主要置于传动系统的上部，车内空间就会进一步损失。图 8.14 示意了这样的布置方案。尽管优势是防地雷能力可以得到改善，但不可避免地抬高了车辆的轮廓。车体内部空间的可用面积减少到约 $1.27m^2$，正好低于履带车辆的一半。

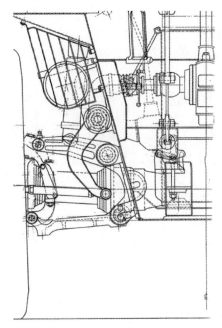

图 8.13 采用 H 型传动系统，阿克曼转向和横臂式悬挂的阿尔维斯公司"壮汉"两栖卡车（资料来源：由英国国防部提供）

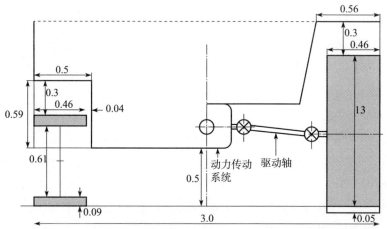

图 8.14 在松软地面行驶性能类似的履带车辆和轮式车辆的空间要求比较。车辆采用 I 型传动系统，导致车辆的底板被抬高

## 8.5 轮胎在软黏性土壤中的牵引力-滑移率关系

不同地形条件下车辆的牵引力-滑移率关系需要作为 NRMM 的输入，其

中 $C_G$、$C_{T20}$、$C_R$ 和滑移率都需要用于计算车辆速度和燃料消耗。牵引力-滑移率关系也使得可以估计诸如农用拖拉机之类的车辆的牵引效率和工作产出。当车辆执行耕作和类似的牵引工作时，这是极为重要的。还可以预测改变轮胎尺寸、轮胎压力和压载物的影响。第 9 章考虑了软土对限滑差速器性能的影响。

图 8.15 显示了使用 DERA 移动测试仪在软黏性土壤中测量的典型轮胎牵引力-滑移率曲线。曲线的一个一般特征是自由滚动时（即当 $C_G=0$ 时）的滑移率为负值；而自驱行驶时（即当 $C_T=0$ 时）的滑移率为正值。

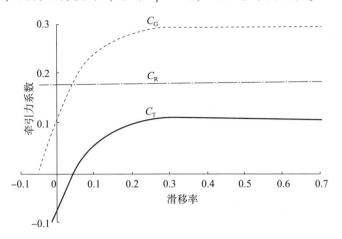

图 8.15 用 DERA 移动式测试仪测量轮胎在软黏性土中的典型牵引力特性曲线

## 8.5.1 牵引力-滑移率特性描述

### 8.5.1.1 直角双曲线

NRMM 采用直角双曲线表示牵引力-滑移率曲线，因为这些曲线趋向于平直渐近线，为描述较大范围内的牵引力-滑移率特性提供了有界的范围。

### 8.5.1.2 指数关系

Wong[16] 在描述地面（包括植被和雪地）的剪切应力-剪切位移特性时使用了三种指数关系。第一种曲线是正态指数曲线，水平上升到近似常数。第二种曲线指数关系的特征是先上升到峰值然后平稳下降，类似于轮胎的自回正力矩特性。第三种曲线是先上升到峰值然后下降到接近恒定水平。Wong 表示，后一种关系可以用来描述充气轮胎在路面上的牵引力-滑移率关系。

### 8.5.2 魔术公式

目前，广泛用于描述轮胎在硬质路面上牵引力-滑移率关系的函数是魔术公式（在第7章中用于描述转向性能），它也可用于描述充气轮胎在松软地面上的牵引特性，这正是本章所要阐述的内容。

魔术公式基本上是一种修正的正弦波，其形式为

$$y(x) = D\sin(C\arctan\{Bx - E[Bx - \arctan(Bx)]\}) \tag{8.42}$$

式中：$y$ 为牵引力；$x$ 为滑移率。因为对于松软地面上的轮胎，滚动阻力会相对牵引力曲线往原点下方偏移，因此会有一个相对原点的偏移量 $S_V$。

在下列表达式中，$D$ 是峰值，$y_a$ 是滑移率较高时的取值，$BCD$ 是纵向或横向滑移刚度，$x_m$ 是 $y$ 取峰值时对应的 $x$ 值。式中的主要系数，$C$ 为形状因数，$B$ 为刚度因数，$E$ 为曲率因数，分别用如下表达式描述：

$$C = 1 \pm \left(1 - \frac{2}{\pi}\arcsin\frac{y_a}{D}\right) \tag{8.43}$$

$$B = \frac{BCD}{CD} \tag{8.44}$$

$$E = \frac{Bx_m - \tan(\pi/2C)}{Bx_m - \arctan(Bx_m)} \tag{8.45}$$

式中：$B$、$C$、$D$、$E$、$S_V$、$x_m$ 都是轮胎垂向载荷 $W$ 的函数。其他系数通过试验数据获得。

Pauwelussen 和 Laib 采用理论与经验相结合的方法探讨了用魔术公式来表征轮胎在土壤中的牵引力-滑移率特性的可能性[17]。土壤性质由黏聚力、摩擦角和指数函数来定义。轮胎是由衍生的接触面积来定义。利用这些参数，结合一些假设，推导得到了净牵引力的表达式。然后结合两个农用拖拉机轮胎在摩擦土中的试验结果，利用这一表达式得到了 $B$、$C$、$D$ 的关系。展示了特定的轮胎和土壤条件下，这些参数随轮胎负荷的变化。然而，该方法目前的应用似乎较为有限。

这里的目标是结合机动数，展示魔术公式在各种轮胎尺寸和黏性土壤条件下如何产生符合实际的牵引力-滑移率曲线[18]。

### 8.5.3 修正的魔术公式

从 DERA 的移动式测试仪的测试中，牵引力的峰值系数 $C_{TP}$ 的表达式为

$$C_{TP} = 0.65 - \frac{1.4}{N_M + 0.81} \tag{8.46}$$

式中：$N_M$ 的定义见式（8.16）。

如式（8.1）和式（8.6）所示，需要轮胎的有效滚动半径 $r_e$ 来计算总牵引力 $F_G$ 和滑移率 $s$，这里采用了不同的方法来定义 $r_e$。例如，在 NRMM 中，当采用车轮角速度估算车速时，将 $r_e$ 作为自由滚动半径 $r_r$（见式（8.6））。然而，当计算由动力系统传递的总牵引力 $F_G$ 时，$r_e$ 取静载半径 $r_s$（或其函数），这里的 $r_s$ 是硬质地面至车轮中心的距离，假定为牵引力的有效杠杆臂长。

然而，对于子午线轮胎，车轮轮缘的扭矩可以认为是通过侧壁至着地面呈剪切的形式分布。轮胎的着地面具有较高的纵向刚度，因此有效半径约为

$$r_e = \frac{l_t}{2\pi} \tag{8.47}$$

式中：$l_t$ 为轮胎滚动一圈的着地面长度。

如果 $r_e$ 使用两个值，即一个用于计算总牵引力，另一个用于计算轮胎的周向速度，则车轮的功率输出将超过输入值。

图 8.16 是轮胎自由滚动时 $C_R$ 随 $N_M$ 的变化，并与由不同滑移率时的牵引力数据得到的 $C_R$（即用 $r_e$ 替换硬质路面上的自由滚动半径 $r_r$，由式（8.1）和式（8.2）得到的 $C_R$）进行比较。从图中可以看到，两条曲线基本相同，表明 $r_r$ 是计算 $F_G$ 的有效半径。对于子午线轮胎，除了变形极小的情况外，$r_r$ 与轮胎变形无关[19]。

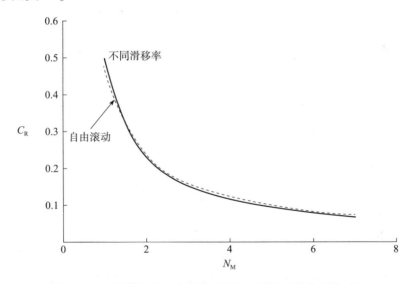

图 8.16 不同滑移率和自由滚动条件下的滚动阻力系数对比

分析试验得到的牵引力-滑移率曲线：①滑移率为零时的刚度 BCD；②峰值牵引 $C_{TP}$；③滑移率为零时的垂向偏移 $S_V$；④在峰值牵引力处的滑移率 $x_m$。当滑移率接近 1.0 时，$(y_a/D)$ 的值约为 0.95，曲线表明 $C_T$ 值略有下降，此

时式（8.43）对应的 $C$ 值为 1.2，将该值用于分析。$x_m$ 随 $N_M$ 无特殊的变化趋势，平均滑移率为 0.3。

对于每次行驶，后续的分析就是求解 $D=C_{TP}+S_V$，因此 $B$ 由式（8.44）得到，$E$ 由式（8.45）得到。然后用最小二乘法进行拟合，从而获得用 $N_M$ 来描述 BCD、$D$ 和 $S_V$ 的最佳表达式。$D$ 和 $S_V$ 可以用直角双曲线进行最佳描述，BCD 可以用对数关系进行最佳描述。因此，$C_T$ 关于 $s$ 的最终关系为

$$C_T = D\sin\{C\arctan[Bs-E(Bs-\arctan(Bs))]\}-S_V \quad (8.48)$$

式中：$C_T=1.2$。

$$D=0.73-\frac{2.1}{N_M+2.18} \quad (8.49)$$

$$S_V=0.15+\frac{0.71}{N_M-0.78} \quad (8.50)$$

$$BCD=(3.63\log_{10}N_M)+0.47 \quad (8.51)$$

因此，总牵引力系数变为

$$C_G = D\sin\{C\arctan[Bs-E(Bs-\arctan(Bs))]\}-S_V+C_R \quad (8.52)$$

图 8.17 显示了式（8.46）中 $C_{TP}$ 随 $N_M$ 的变化，与式（8.48）的魔术公式在滑移率为 0.3 时的值进行对比，可见两条曲线有很好的一致性。

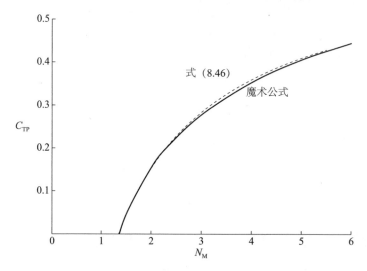

图 8.17 试验数据（式（8.46））得到的峰值牵引力系数与魔术公式在滑移率取值 0.3 时得到的峰值牵引力系数的比较

所描述的关系可适用于大多数潮湿的黏性土。Smith[1] 对比了不同含水量条件下的贫瘠土壤和重黏性土壤的剪切强度，将圆锥指数值与简单的剪切叶片及三轴试验得到的剪切强度进行比较。当 CI 值低于 80 lbf/in² （552kPa）时，

由剪切叶片得到的 CI 与剪切应力之间的关系以及由三轴测试得到的 CI 与黏聚力之间是明显相关的。对于剪切叶片试验，它们之间的关系为 $CI = 10s_v$；对于三轴试验，它们之间的关系为 $CI = 12.5c_t$，其中 $s_v$ 为剪切叶片强度，$c_t$ 为三轴黏聚力。图 8.18 显示了 CI 与三轴黏聚力的关系，这表明此处的牵引力-滑移率关系可应用于大多数软黏性土壤。

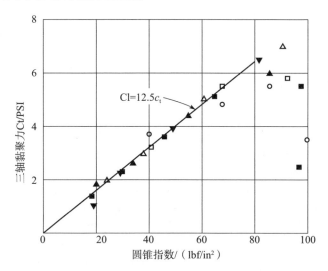

图 8.18　在不同含水量条件下，贫瘠土壤和重黏性土壤的三轴黏聚力与圆锥指数（lbf/in²）对比。空心符号代表贫瘠土壤，实心符号代表重黏性土壤（美国陆军工程研发中心）

可以建立针对软黏性土壤的侧向力-滑移角关系，但是合适的试验数据相对较少。如果有合适的牵引力-滑移率试验数据，也可以得到其他土壤的类似表达式。

# 参考文献

[1] Smith, J. L. (1964). Strength-moisture-density relations of fine-grained soils in vehicle mobility research, WES Technical Report No. 3-639.

[2] Shoop, S., Richmond, P. W. and Larcombe, J. (2006). Overview of cold regions mobility modelling at CRREL. *Journal of Terramechanics*, 43 (1), 1-26.

[3] Richmond, P. W., Shoop, S. A. and Blaisdell, G. L. (1995). Cold Regions Mobility Models. CRREL Report 95-1.

[4] Wong, J. Y., Garber, M. and Preston-Thomas, J. (1984). Theoretical prediction and experimental substantiation of the ground pressure distribution and tractive performance of tracked vehicles. *Proceedings of the Institute of Mechanical Engineers*, Part D, 265-285.

[5] Fervers, C. W. (2002). Improved FEM simulation model for tire-soil interaction. *Proceedings of the 14th In-*

ternational Conference of the ISTVS, Vicksburg, USA.
[6] Shoop, S. A. (2001). Finite element modelling of tire-terrain modelling. ERDC/CRREL, TR-01-16.
[7] Ahlvin, R. B. and Haley, P. W. (1992). NATO Reference Mobility Model Edition II. NRMM II User's Guide, WES Technical Report GL-92-19.
[8] Priddy, J. D. (1999). Improving the traction prediction capabilities in the NATO Reference Mobility Model (NRMM). WES Technical Report GL-99-8.
[9] Turnage, G. W. (1972). Performance of soils under tire loads. WES Technical Report No. 3-666.
[10] Rowland, D. (1971). Tracked vehicle ground pressure and its effect on soft ground performance. *Proceedings of the 4th International Conference of the ISTVS*, Stockholm.
[11] Rowland, D. (1975). A review of vehicle design for soft ground operation. *Proceedings of the 5th International Conference of the ISTVS*, Detroit.
[12] Brixious, W. W. (1987). Traction prediction equations for bias ply tyres. ASAE Paper No. 87-1622.
[13] Reece, A. R. and Pena, J. O. (1981). An assessment of the value of the cone penetrometer in mobility prediction. *Proceedings of the 7th International Conference of the ISTVS*, Calgary.
[14] Patin, T. R. (1971). Prediction of performance of rectangular gross-section tyres in sand. Paper No. 71-603, Winter Meeting of the ASAE, Chicago.
[15] Turnage, G. W. (1978). A synopsis of tyre design and operational considerations aimed at increasing in-soil tyre drawbar performance. *Proceedings of the 6$^{th}$ International Conference of the ISTVS*, Vienna.
[16] Wong, J. Y. (1981) *Theory of Ground Vehicles*. John Wiley & Sons.
[17] Pauwelussen, J. P. and Laib, L. (1997) Exploration of the Magic Formula as a basis for the modelling of soil-tyre interaction. *Proceedings of the 7th European ISTVS Conference*, Ferrara, Italy.
[18] Maclaurin, B. (2014) Using a modified version of the Magic Formula to describe the traction/slip relationships of tyres in soft cohesive soils. *Journal of Terramechanics*, 52, April, 1-7.
[19] Pacejka, H. B. (2002). *Tyre and Vehicle Dynamics*. Butterworth-Heinemann, pp. 376-378.

# 第 9 章

# 自由差速器、锁止差速器、限滑差速器对牵引性能与转向性能的影响

普通差速器的驱动力矩在车轮之间是平均分配的，因此差速器往往就能暴露越野车辆存在的问题。某一个车轮的牵引状况较差，无论是因为地面附着强度不够还是车轮载荷分配不均，都会限制整体的潜在净牵引力（或牵引杆拉力），或者导致无法行驶。替代的方案是使用某种形式的限滑差速器，这种差速器通常是自动产生作用的，不需要驾驶员做任何操作。

车辆是否需要配备限滑差速器，需要考虑的影响因素包括车辆的主要用途、车辆通常行驶的路面状况（土壤强度、地面滑溜程度、草皮覆盖情况等）、轮胎尺寸、轮胎垂向载荷。有些车辆可能需要安装大号牵引钩，用于牵引土方运输、耕作、拖曳工具以及拖车。其他车辆，如自卸卡车、土方运输车、军用车辆，可能只需要在不同地面条件的平坦路面或坡度上保持向前运动的能力。

## 9.1 可锁止差速器与限滑差速器的类型

### 9.1.1 可锁止差速器

差速器锁止的实现途径，要么使用爪式离合器，要么使用摩擦片离合器。可锁止差速器通常由驾驶员操作，需要及时锁止和解锁。如 9.4.2 节中描述的那样，如果车辆行驶时没有及时解锁，由于轮胎的受力不同导致横摆力矩，转向时就需要较大的转向角，并且传动系统的负荷也会增大。

借助于防抱死制动系统的轮速传感器，差速器可以自动锁止，那么就产生

了需要确定解锁时机的问题。针对这个问题，斯太尔-戴姆勒-普赫股份公司（Steyr-Daimler-Puch AG）提出了一个解决方案，叫作汽车驱动管理系统（Automatic Drive-Train Management System，ADM）[1]。当车轮扭矩不均，以及爪式离合器正在传送扭矩时，就运用爪式离合器齿的摩擦力来保持锁止。当车轮扭矩均衡、爪式离合器空载时，爪式离合器就会通过弹簧加载而自动解锁。图9.1显示了该系统的基本工作流程。

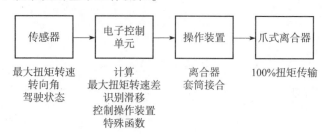

图 9.1　差速器爪式离合器锁止的基本控制系统

（资料来源：第 6 届欧洲"国际地面车辆系统学会"（ISTVS）年会论文集，奥地利维也纳，1994 年）

## 9.1.2　运用制动系统

另一个控制车轮打滑的方法，尤其是在光滑或结冰路面上，可以运用防抱死制动系统（ABS）对打滑车轮实施制动。然而，如 9.3.2.2 节所述，这种方法不适用于松软土质的路面。

## 9.1.3　速度相关型限滑差速器

此处所指的限滑差速器仅能从高转速车轮向低转速车轮传送扭矩，分为速度相关型和摩擦相关型。

速度相关型限滑差速器采用某种形式的黏性流体，或者由车轮速度差驱动的小型泵产生的液压来驱动位于差速器壳体和输出轴之间的离合器组件。

图 9.2 是一种黏性流体耦合型差速器，吉凯恩联轴节单元（GKN Viscodrive）。这种装置可以单独使用，例如，在前驱车辆的前、后轴之间用作联轴器，提供非全时四轮驱动。或者与机械差速器配套使用，提供限滑差速功能。

在内板架与外板架之间安装了一个离合器组件，并且浸入黏性硅油之中。两板之间的相对速度就会在离合器组件中产生剪切扭矩。扭矩随相对速度的增加而增大，但增加的幅度呈现递减特性。差速器在制造的时候并没有完全充满液体，而扭矩特性与温度相关，持续使用就会导致液体产生热力膨胀，直至填满整个腔体。这时就会出现人们熟悉的"鼓包"现象，差速器就会锁止。

图 9.3 是板速差恒定时，差速器扭矩-温度特性的典型曲线。

这一特性对于在松软地面和滑溜路面上行驶的越野车辆来说是非常有用的。正如在第 9.3.2 节中所述，最大牵引力通常出现在差速器锁止的时候。有一个车轮出现打滑，该差速器内的温度将会升高到锁定点。当该差速器冷却后解锁，并且传递的扭矩将减小。根据车辆行驶的地面条件，差速器会不断出现加热和冷却，可能会导致不断的出现锁止和解锁。事件发生周期的数学模型似乎存在问题，需要通过实验建立合适的锁止与解锁特性。

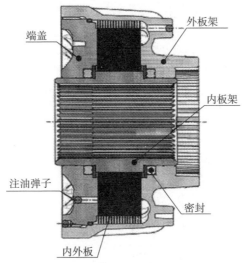

图 9.2 吉凯恩联轴节（GKN Viscodrive）
（资料来源：由吉凯恩汽车公司提供）

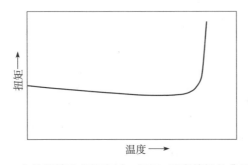

图 9.3 内外板转速差恒定时，扭矩-温度特性的典型曲线

## 9.1.4 摩擦型限滑差速器

摩擦型限滑差速器，通常与输入负载有相关性，结构上采用多片离合器，或者某种形式的大锥角齿轮。图 9.4 是一种多片离合器型限滑差速器的截面

图。朝向锥齿轮横轴倾斜的止推环产生反作用力，使离合器获得负载。或者，在一些拉力赛车上，离合器的负载可以通过某种形式的控制系统进行调节，以增大牵引力或改善操控性。

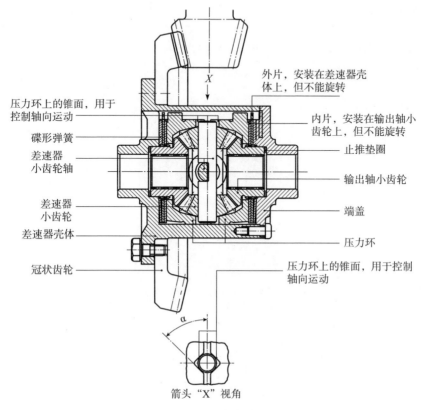

图 9.4　负载比例摩擦型限滑差速器
（资料来源：由采埃孚集团提供）

还有扭矩矢量差速器，扭矩矢量在第 7 章有详细的阐述。

负载相关型差速器是越野车辆尤其是重型车辆应用最广泛的类型，在此仅对这种差速器的性能进行讨论。

## 9.2　摩擦型限滑差速器的关系

图 9.5 给出了输入扭矩相关型限滑差速器的图解。在差速器的输出轴之间安装了一个"离合器"，将扭矩从高转速轴传输到低转速轴。实际上，离合器有时安装在差速器壳体与一根输出轴（或全部两根输出轴）之间，但这对差速器的基本特性没有影响。

# 第 9 章  自由差速器、锁止差速器、限滑差速器对牵引性能与转向性能的影响

$$T_S = 0.5T_I + T_D \tag{9.1}$$

$$T_F = 0.5T_I - T_D \tag{9.2}$$

式中：$T_S$ 和 $T_F$ 分别为低速输出轴和高速输出轴的扭矩；$T_I$ 为差速器的输入扭矩；$T_D$ 为差速器离合器的传输扭矩。

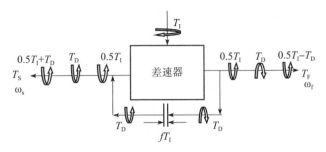

图 9.5  负载比例限滑差速器的轴矩和轴速

对于这种类型的差速器，离合器扭矩假定与输入扭矩成正比。但实际上，通常会给离合器施加一个较小的预载，以便与摩擦力值和/或轮胎载荷值非常小，甚至轮胎离地的情况相适配。

依据轮胎接地面的受力来计算，设滚动半径为 $r_e$，式（9.1）和式（9.2）就变成：

$$F_{GS} = 0.5F_I - F_D \tag{9.3}$$

$$F_{GF} = 0.5F_I - F_D \tag{9.4}$$

$$F_{GS} = \frac{T_S}{r_e}, \quad F_{GF} = \frac{T_F}{r_e}, \quad F_I = \frac{T_I}{r_e}, \quad F_T = \frac{T_D}{r_e} \tag{9.5}$$

式中：$F_{GS}$ 和 $F_{GF}$ 分别为低速车轮和高速车轮的总牵引力；$F_I$ 和 $F_D$ 分别为差速器的等效输入力和传递力。将式（9.3）和式（9.4）相加得

$$F_I = F_{GS} + F_{GF} \tag{9.6}$$

将式（9.4）减去式（9.3）得

$$F_{GF} = F_{GS} - 2F_D \quad 或 \quad F_D = 0.5(F_{GS} - F_{GF}) \tag{9.7}$$

速率与滑转的关系为

$$v_S = \omega_S r_e, \quad v_F = \omega_F r_e, \quad v_i = \omega_i r_e \tag{9.8}$$

式中：$\omega_S$ 为低速轴（车轮）的转速；$\omega_F$ 为高速轴（车轮）的转速；$\omega_i$ 为差速器输入轴的转速；$v_S$ 为低速侧车轮的周向速度；$v_F$ 为高速侧车轮的周向速度；$v_i$ 为车轮平均周向速度。

$$v_V = v_S(1-s_S) \quad 且 \quad v_V = v_F(1-s_F) \tag{9.9}$$

因此：

$$v_S(1-s_S) = v_F(1-s_F) \quad 或 \quad v_F = \frac{v_S(1-s_S)}{(1-s_F)} \tag{9.10}$$

式中：$v_V$ 为车辆向前行驶的速度；$s_S$ 为低速侧车轮的滑移率；$s_F$ 为高速侧车轮的滑移率。把基本差速关系式 $0.5(v_S+v_F)=v_i$ 变形得到：

$$v_F = 2v_i - v_S \tag{9.11}$$

把 $v_F$ 代入式（9.9）和式（9.10），并变形得到：

$$v_S = \frac{2v_i}{\dfrac{(1-s_S)}{(1-s_F)}+1} \tag{9.12}$$

已知的 $v_i$、$s_S$ 和 $s_F$，根据式（9.9）和式（9.11）就能得出参数 $v_F$ 和 $v_S$。输入功率 $P_i$ 和输出功率 $P_o$ 的关系，以及牵引效率 $\eta_e$ 就能确定：

$$P_i = F_i v_i = (F_{GS}+F_{GF})v_i \tag{9.13}$$

$$P_o = (F_{TS}+F_{TF})v_V \tag{9.14}$$

$$\eta_e = P_o/P_i \tag{9.15}$$

在差速器离合器中耗散的功率 $P_D$：

$$P_D = F_D(v_F - v_S) \tag{9.16}$$

对于载荷比例差速器，传输动力 $F_D$ 就是传输比 $K_d$ 和总牵引力之和（如果忽略所有机械损耗，总牵引力之和即为输入动力 $F_i$）的函数：

$$F_D = K_D(F_{GS}+F_{GF}) \tag{9.17}$$

代入式（9.7）中 $F_D$，并变形可得

$$K_d = \frac{0.5(F_{GS}-F_{GF})}{(F_{GS}+F_{GF})} \tag{9.18}$$

限滑差速器制造商采埃孚集团，在他们的技术文档中，将 $K_d$ 定义为锁紧比，并推荐了首选值 0.225，尽管也可以指定 0.125 或 0.375。在此将 $K_d$ 定义为传输比，以 0.225 为标准值。

将式（9.18）变形可得

$$\frac{F_{GS}}{F_{GF}} = \frac{(0.5+K_d)}{(0.5-K_d)} \tag{9.19}$$

用首选比值 0.225 替换 $K_d$，可得差速器离合器传递的牵引力之比：

$$\frac{F_{GS}}{F_{GF}} = 2.64 \tag{9.20}$$

## 9.3 牵引性能

对牵引力建模，需要考虑 4 种类型的地面条件：
（1）黏性土壤的强度不同，并且车轴两侧车轮的载荷不同。
（2）车辆一侧是坚实黏性土壤，另一侧是光滑路面。

(3) 车辆一侧是坚实黏性土壤,另一侧是硬草皮覆盖着的松软黏性土壤。

(4) 车辆一侧是干路面或硬质路面,另一侧是低摩擦力路面(或者叫"μ分离"路面),摩擦系数取 0.78 和 0.1。

图 9.6 和图 9.7 是在不同的土壤和地面情况下,总牵引力-滑移率曲线和净牵引力-滑移率曲线。这与采用移动测试设备在场地测试的结果是相同的。除非另有特定说明,原则上选用 14.00 R20 轮胎,按照越野行驶的规范要求确定充气压力,负载 30kN。

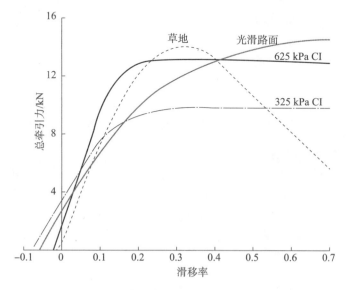

图 9.6 部分土壤和地面的总牵引力曲线

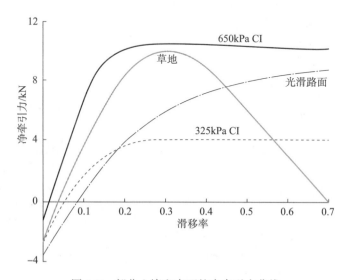

图 9.7 部分土壤和表面的净牵引力曲线

圆锥指数（CI）曲线适用于均质黏土。草地曲线适用于覆盖强固草皮的松软黏性土壤，轮胎附着面能够抓牢。滑移率很高时，草皮会剥离，牵引力随之下降。对于覆有草皮的表层松软（易滑）土壤，魔术公式的参数值用最小二乘搜索法来确定。

### 9.3.1 牵引力模型

对于牵引力模型，在不同的滑移率下，采用魔术公式可以对低速侧车轮和高速侧车轮的 $F_T$、$F_R$ 和 $F_G$ 进行计算。计算流程是：输入正在增加的低速轮胎滑移率就可以解出高速轮胎的滑移率。因此，式（9.7）给出的 $F_{GF}$ 值必定等于魔术公式以 $S_F$ 为变量得出的值。

如果传输力 $F_D$ 超过了锁止差速器的传送力，差速器就会锁止。由此可以推论，只有传输力小于锁止差速器的传送力时，差速器离合器才会滑动。

轴荷取 60kN，通常均衡分配给两个轮胎，输入速度 $v_i$ 为 3m/s。

### 9.3.2 模型结果

所需的传输比取决于两轮之间的不同地面状况和轮胎负载。峰值净牵引力和牵引效率的最优值通常伴随差速器的锁止出现。在式（9.18）中代入 $F_{GS}$ 和 $F_{GF}$ 的值就能计算实现差速器锁止所需的最小传输比 $K_d$。在轮胎不同状态下实现差速器锁止所需的传输比，见图 9.8 和图 9.9。

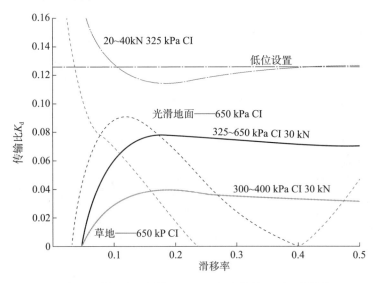

图 9.8 某些土壤和路面条件下，实现差速器锁止需要的传输比 $K_d$

# 第 9 章 自由差速器、锁止差速器、限滑差速器对牵引性能与转向性能的影响

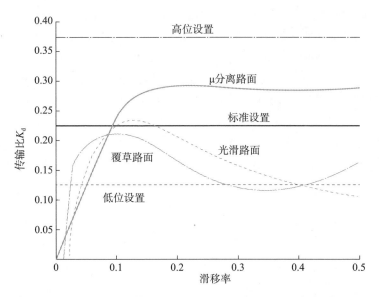

图 9.9 某些路面和土壤条件下，实现差速器锁止需要的传输比 $K_d$

## 9.3.2.1 质量载荷同轴转移的影响

轮胎负载变化对 $F_T$、$F_G$ 和 $F_R$ 的影响，见图 9.10。土壤强度取圆锥指数 325kPa，并允许轮胎随负载变化而变形。造成同轴两轮之间负载差异的原因，

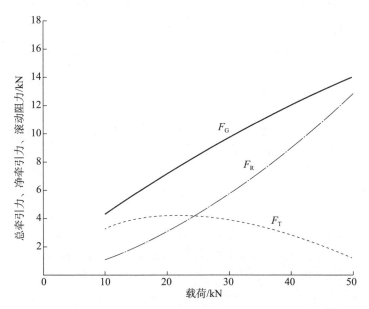

图 9.10 土壤强度 325kPa 时，轮胎载荷对总牵引力、净牵引力和滚动阻力的影响

可能是车辆初始载荷不均、地形不平坦、侧倾坡行驶，或者上述三者的综合。总牵引力和滚动阻力会随着负载增大而迅速增加，但净牵引力在相当宽的轮胎负载范围内都保持恒定。轮胎负载为 20kN 和 40kN 时，对应的 $F_{TP}$ 值分别为 4.2kN 和 2.9kN。图 9.11 给出的是自由差速器的状态，当 $F_G$ 取值相同时，轮胎负载 20kN，滑移率为 0.3；轮胎负载 40kN，滑移率为 0.05。使用自由差速器，净牵引力总和为 2.44kN；使用锁止差速器，净牵引力总和为 6.9kN。在轮胎负载相等的情况下，即无质量载荷转移，净牵引力总和为 8.0kN。这表明，使用锁止差速器时，质量载荷转移未必会导致牵引力大幅下降。

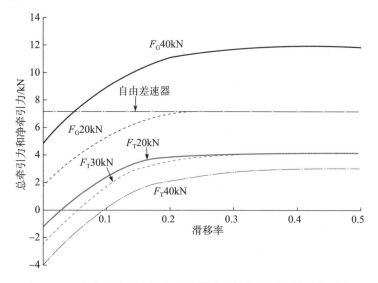

图 9.11　自由差速器和锁止差速器受质量载荷同轴转移的影响

#### 9.3.2.2　轮胎着地处土壤强度差异

图 9.12 给出了滑移率 0.3 时，不同土壤强度对 $F_T$、$F_G$ 和 $F_R$ 的影响。净牵引力随圆锥指数迅速增长，但总牵引力增长要平缓得多。当两个车轮的土壤强度圆锥指数为 300kPa 和 400kPa 时，$F_G$ 值分别为 8.7kN 和 10.1kN，也就是说差值只有 1.4kN。正因如此，如图 9.8 所示，差速器锁止所需的传输比仅为 0.04。

举个更极端的例子，同轴两侧轮胎附着处的土壤强度圆锥指数分别为 650kPa 和 325kPa，在所有滑移率条件下，实现差速器锁止所需的传输比 $K_d$ 值为 0.075（图 9.8）。图 9.13 是锁止和自由状态下，单个车轮的净牵引力。使用自由差速器，净牵引力峰值可达到 10.8kN，但低牵引力车轮的滑移率约为 0.6。若进一步增大牵引力就会导致车轮打滑，车辆无法行驶。

# 第9章 自由差速器、锁止差速器、限滑差速器对牵引性能与转向性能的影响

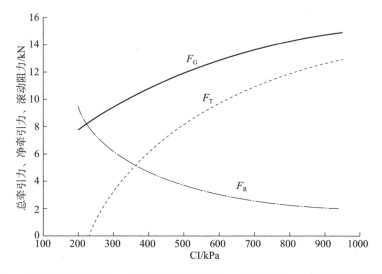

图9.12 轮胎负载30kN时,土壤强度对总牵引力、净牵引力、滚动阻力峰值的影响

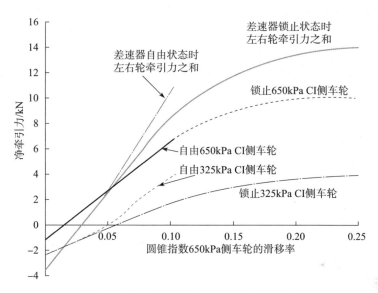

图9.13 同轴两侧车轮附着处的土壤强度不同时,各车轮的净牵引力

如果通过防抱死制动系统将低牵引力车轮制动住,以便与驱动轴速度相适配,制动过程中最大需要消解掉16kW的峰值牵引力。然而这种差速器控制方法只适合短期使用或间歇性使用,长期使用会导致制动组件过热和磨损。

### 9.3.2.3 在 μ 分离路面上

如图9.9所示,由于总牵引力系数存在较大差异,如果车辆想达到峰值系

数 0.44，也就是（0.78+0.1）/2，传输比 $K_d$ 的值也需要适当增大为 0.29。如果将 $K_d$ 设置为标准值 0.225，车轮滑移率为 0.09 时，牵引力系数达到峰值 0.36；要想得到更大的牵引力，就需要把 $K_d$ 设置得更高。

## 9.4 路面转向性能

### 9.4.1 转向性能模型

用于研究限滑差速器对转向性能影响的模型，是第 7 章轮式车辆模型的修正版本。模型最初是用于 6×6 车辆的，此处将中间车轴去掉，形成 4×4 车辆模型，而且差速器位于车轴之间，以及同轴的车轮之间。差速器类型可以是自由差速器、锁止限滑差速器或负载比例限滑差速器。其他参数都不变（轴距、轮距、轮胎静载 30kN、轮胎参数）。

### 9.4.2 模型结果

图 9.14 是转向半径为 15m 时，各种速度下，前轮的转向角度。图中的结果针对三种情况：①所有差速器锁止；②所有差速器自由；③前、后轴差速器的差速值设定为 0.125、0.225、0.375，中间（轴间）差速器为自由状态。

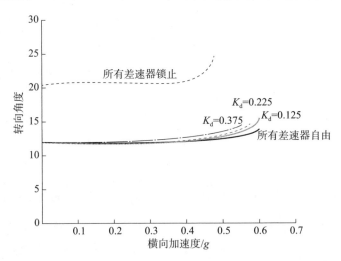

图 9.14　转向半径 15m 时，各种速度下不同差速器对前轮转向角度的影响

横向加速度较小时，转向响应基本为中性转向，随着横向加速度增大，转向角几乎保持恒定。当横向加速度增大到 0.4g 左右，车辆随着转向角增大开

始难以操纵。限滑差速器需要的转向角比自由差速器的略大，而所需的最大横向加速度值则比自由差速器的略小。

在较小的横向加速度下，锁止状态的差速器需要更大的转向角，大约为 20.7°，而自由差速器和限滑差速器只需要 12°。由于内侧车轮和外侧车轮被强制以同样的速度旋转，车辆转弯时就会产生很高的阻力矩。为了对抗这个阻力矩，前轮的横向受力就会增大，后轮的横向受力就会减小。例如，当横向加速度为 $0.3g$ 时，使用自由差速器，前轮的横向受力为 19.4kN，后轮横向受力为 16.6kN。使用锁止差速器时，前轮的横向受力为 38.5kN，后轮横向受力为 −0.25kN，也就是说，前轮为车辆提供了全部的转向力。锁止差速器的最大横向加速度限定在 $0.45g$，而自由差速器的是 $0.6g$。

如图 9.15 所示，使用限滑差速器，所需功率略大一些。但使用锁止差速器，由于转向阻力（前轮的横向受力沿车辆纵向的分力）增加，所需功率要大得多。当横向加速度为 $0.3g$ 时，若使用锁止差速器，转向角为 20.6°，前轮总的侧向力为 38.5kN；而使用自由差速器，转向角为 12°，前轮总的侧向力为 19.4kN。使用锁止差速器时，转向阻力为 13.5kN，而使用自由差速器时则为 4.0kN。结果是，使用锁止差速器所需功率为 77.6kW，使用自由差速器则为 21.7kW。

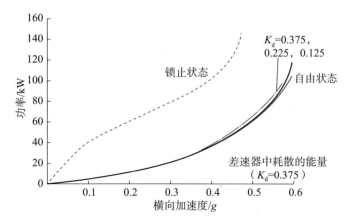

图 9.15 转向半径 15m 时，各种速度下不同差速器对车辆功率需求的影响

# 参考文献

[1] Stelzender, F. X. (1994). ADM A New Drive Train Management. *Proceedings of the 6th European ISTVS Conference*, Vienna, Austria.

# 第 10 章

# 铰接车辆

## 10.1 铰接式履带车辆

铰接转向,是依靠车辆两个组成单元之间的夹角,实现 $x$-$y$ 平面的横摆偏转。这是它们与铰接卡车的区别,铰接卡车依靠短轴距阿克曼转向单元与载货拖车相连。Nuttall 回顾了早期的铰接牵引车[1],展示了一些可能的转向配置方案(图 10.1)。其中,第Ⅲ类是车辆单元之间常见的自由度,可以实现横摆

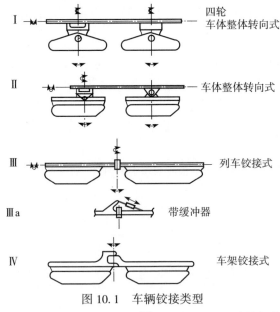

图 10.1 车辆铰接类型

(资料来源:Nuttall C J,1964[1],经 Elsevier 公司授权复制)

(转向)、俯仰、侧倾。并且如图 10.1 所示，可以在两个车辆单元之间安装减振器（缓冲器）控制俯仰运动，提升行驶能力。减振器也可作为驱动器，在单元之间提供俯仰角的主动控制。有些铰接车辆采用了垂向滑动自由度，那就失去了俯仰自由度，此处不作展示。

早在第一次世界大战前，一些试验性的铰接车辆就制造出来了，但直到第二次世界大战后，这类车辆才投入商业使用（而且主要作为雪地车辆）。图 10.2 展示了 20 世纪 40 年代末期投产的"雪地猫"（Tucker SNO-CAT），这种车辆采用"四轮"式车体整体转向方式（图 10.1）。

图 10.2 "雪地猫"（Tucker SNO-CAT）
（资料来源：Nuttall C J，1964[1]，经 Elsevier 公司授权复制）

BAE Hagglunds 公司的 BV 206 型及其衍生车型是一款现代铰接式履带车辆。铰接单元之间的活动范围是：转向角 ±34°，俯仰角 ±34°，侧倾角 ±40°，相对位移 200mm。这种车辆的满载质量为 6.74t，更大的装甲版 BVS 10 的满载质量可达 8.5t。牵引系统采用矩形截面的管式梁，每组车轮由拖曳臂通过扭转橡胶弹簧支撑。早期车辆使用的强化柔性橡胶履带采用了模制钢横梁，与主动轮啮合以承载驱动力，并安装成对的导向齿。

后期的车辆使用了苏西公司的柔性履带。主动轮置于每组履带的前部，履带张紧机构集成于后轮悬架臂。履带通过成对的横向单片板簧由主车架大梁来支撑。位于前主车架梁后部的传动齿轮箱将动力传送给前、后主减速器，通过集成的差速器给履带分配驱动力。动力通过万向轴传送给主动轮。转向轴安装在前单元的后部，由一对平行的液压作动器来实现铰接功能，并安装了一个减振器用于控制车辆单元之间的俯仰运动。

20 世纪六七十年代，坦克及机动车辆司令部（TACOM）制造了大量试验性履带式铰接车辆。这些车辆的一个特征就是对车辆单元之间的俯仰角实施主动控制。其中一款名为 COBRA（图 10.3），由三个车辆单元连接而成，单元之间采取受控转向。该型车也可用作两单元车辆。可以观察到车辆单元之间的俯仰控制装置。控制单元之间的俯仰有三种模式：全自动模式、锁定模式、驾驶员控制模式。主动俯仰控制的优点是：当采用刚性模式时，能提升壕沟和松软地面的通过能力；当采用驾驶员控制模式时，能提升河流通行能力（水陆两栖车型）。

图 10.3　COBRA 试验车

（资料来源：Hanamoto B，1969[2]，经 Elsevier 公司授权复制）

图 10.4 是另一种典型的铰接方式，两辆 M113 装甲输送车铰接在一起，后车前端有一个刚性 A 形架，通过球形铰接头连接到前车的尾部[3]。两个液压作动器安装在车辆的顶角处，用于控制两车之间的俯仰和转向。这种布置方案只需要两个作动器（而不是三个）就能控制俯仰和转向，但与车辆单元相接的部位需要有足够强度，因此它更适合装甲车辆。俯仰角的范围为±48°，转向角范围为±31°。两台车辆的发动机和传动机构是并行布置的。驾驶员通过一个操纵杆控制车辆；横向运动使车辆转向，纵向运动改变俯仰角度。操纵杆控制的特点是通过力量反馈使驾驶任务更加容易。

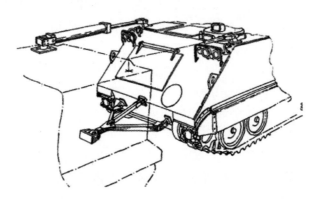

图 10.4　美国将两辆 M113 组合成铰接车辆的试验系统

（资料来源：Kamm I O，Beck R R，1975[3]，经地面车辆系统学会国际会议授权复制）

在测试中，铰接式车辆能够攀越 1.52m 高的垂直台阶，而单体车辆只能攀越 0.61m；铰接式车辆能够轻松跨越 3.3m 宽的壕沟，单体车辆只能跨越 1.5m。乘坐舒适性通过越野路进行了测试，并根据吸收功率值进行了分析（见第 3 章）。铰接车辆采用两种行驶模式：①刚性连接；②使用作动器控制俯仰角。与单体车辆相比,在吸收功率为 6W(人体忍受振动的极限)时,刚性连接模式下的铰接车辆速度快 43%;俯仰铰接控制模式下,铰接车辆的速度是单体车辆的两倍多。牵引力测试是在松软沙地和雪地上进行的。与单体车辆相比,牵引力系数并没有提升。

1962 年,美国提出了一种坦克铰接方案,图 10.5 是其示意图。瑞典于 1982 年制作了一辆铰接坦克样车,命名为 UDES XX20(图 10.6),但没有投入生产。UDES XX20 采用了与美国 M113 坦克相同的铰接方案,通过作动器来控制俯仰角和转向(图 10.6 可以看到其中一个作动器)。

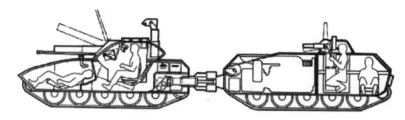

图 10.5 美国铰接式坦克方案

(资料来源:Nuttall C J,1964[1],经 Elsevier 公司授权复制)

图 10.6 瑞典 UDES XX20 样车

(资料来源:由瑞典坦克博物馆提供)

该车安装了一门遥控火炮,重约 20t,更适合作为坦克歼击车辆,该项目于 1984 年被放弃。虽然炮塔能够转向敌方车辆,但车体不能原地转向,这样,装甲防护较弱的车体侧面以及铰接机构都容易受到攻击。

还有一款体积大得多的铰接式履带车辆,就是俄罗斯"骑士"(Vityaz)系列车辆(图 10.7),该型车型分为有效载荷 10t、20t、30t 三种版本,相应地,每条履带采用 4、5、6 个负重轮,最大型号的满载质量可达 58t。对单元之间俯仰角实施主动控制是该型车辆的特点。负重轮安装有充气胎,与柔性履带相结合,具有低噪声、低振动的特点。除了俄军,俄罗斯石油天然气工业领域也使用这种车辆。

图 10.7　俄罗斯"骑士（Vityaz）"DT-30 铰接车辆
（资料来源：Vitaly Kuzmin）

## 10.1.1　滑移转向与铰接转向的牵引力

与滑移转向相比，铰接转向的最大好处就是，牵引力能够均衡分配给外侧履带和内侧履带。在滑移转向中，外侧履带必须提供牵引力，内侧履带提供制动力，这样才能克服回转摩擦力矩，形成转向运动。为便于描述，可以建立一个简单的铰接转向模型，如图 10.8 所示。这是"自行车"模型的修正版本，

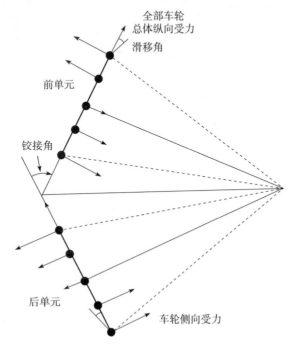

图 10.8　铰接车辆的"自行车"转向简化模型，显示各个车轮的作用力情况

经常用于阿克曼转向的轮式车辆，这种车辆一根车轴上的所有车轮都算作车辆 X 向坐标轴上的单个车轮。对于较小横向加速度和中等滑移角的情形来说，该模型具有非常好的代表性。该模型适用于非常小的横向加速度，转向中心如图 10.8 所示。横向加速度越大，转向中心就会越靠前。假设从铰接轴到第一个车轮距离 1.04m，每个车辆单元的轴距 2.08m，最大铰接角度 34°，整车质量 125kN。在各种转向半径下，所需要的牵引力与质量相同、轴距 3.12m、履带长 1.9m 的滑移转向履带车辆转向所需的牵引力相当。这些尺寸参数与阿尔维斯公司"风暴"（Stormer）装甲车的差不多。

图 10.9 对铰接车辆（总共 4 条履带）的牵引力和滑移转向车辆的牵引力（制动力）进行了比较，可见，当转向半径为 8m 时，滑移转向车辆所需牵引力是铰接车辆的 5 倍；当转向半径为 30m 时，滑移转向车辆所需牵引力是铰接车辆的 20 倍。

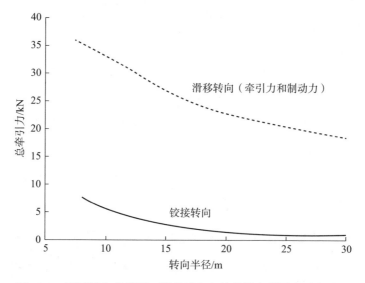

图 10.9　不同转向半径下，滑移转向与铰接转向所需牵引力对比

## 10.2　铰接式轮式车辆

铰接式轮式车辆大量运用于土方作业（装载机、运输车、推土机、平路机，等等），Holm 对铰接式轮式车辆的各种类型进行了回顾[4]。1956 年，美国陆军对一种四轮铰接车辆的潜力进行了研究，这种车辆采用了前置车轴和大型充气轮胎，四轮全驱动，但没有安装悬挂系统。

这种车辆命名为 GOERs（Go-ability with Overall Economy and Reliability）

具有整体经济性和可靠性的行驶能力,与多家载重 16t 和 8t 的原型车供应商签署了合同。其中,16t 型车辆不太成功,但 8t 型车辆(图 10.10)最终投入生产,在越南战场表现出色。这种车有转向和侧倾方向的自由度,因为只有四轮,不需要俯仰方向的自由度。尽管这种车设计速度可达 50km/h,但由于缺少悬挂系统,轮胎反弹非常严重,很少能开到这个速度。

图 10.10　美国 8tGOER 车

(资料来源:Holm I C, 1970[4],经 Elsevier 公司授权复制)

美国陆军研究铰接车辆的另一个方案是车辆列,其中一项成功的布置方案是多节铰接车辆(Multi-element Articulated Vehicle,MARV)。最初包含三个单元,最终增加到 5 个单元(图 10.11),每个单元都有发动机、自动传动装置和独立悬挂系统。单元之间的接头有三个自由度,依靠伺服液压作动器实现转向。车辆列的最大速度可达 76km/h。

图 10.11　美国试验型车辆列多节铰接车辆(MARV)

(资料来源:Holm I C, 1970[4],经 Elsevier 公司授权复制)

另一款研究性车辆是洛克希德公司的"龙卷风"(Twister),如图 10.12 所示。可以看到,每个单元有四个车轮,整车既有铰接转向又有阿克曼转向。

铰接系统的自由度为转向角±31.5°，侧倾角±30°，连接处的前端有个支架，与前方单元的两侧铰接，在俯仰方向有一定自由度（向上+35°，向下-27°）。后方单元的悬挂装置是"人"形梁和螺旋弹簧，前方单元的悬挂装置是双横臂和螺旋弹簧。每个单元都有独立的发动机和传动装置。有的型号在后方单元安装了炮塔，但使用空间狭小，布局有些复杂。尽管这种车辆在起伏地形上表现出色，但在松软地面上的行驶能力才是轮式车辆最需要考察的性能。

图10.12　洛克希德公司"龙卷风"（Twister）试验车
（资料来源：Holm I C，1970[4]，经Elsevier公司授权复制）

### 10.2.1　阿克曼转向、滑移转向与铰接转向的性能

#### 10.2.1.1　硬质地面

铰接车辆模型是第7章所述的轮式滑移转向和阿克曼转向模型的改进型。假定每个车辆单元有四个车轮，每个车轮的载荷都为3kN，车辆总质量为24t。铰接车辆的转向模型再度被视为简化的"自行车"模式。在坚硬路面进行转向半径为10m的转向时，滑移转向车辆外侧车轮的牵引力为49kN，而铰接转向车辆的仅为5kN，阿克曼转向车辆的则仅需3.4kN。

#### 10.2.1.2　松软地面

尽管轮胎在松软地面上的侧向力特性已经积累了一些数据，但是关于复合滑移力却鲜见论述，尤其是可以在计算机模型中应用的形式。如果假定如第8章所示的轮胎在软黏土壤中的牵引力-滑移率特性关系也适用于相对较小的滑移角度，就能建立一个模型，对滑移转向、铰接转向和阿克曼转向的性能进行比较。基于这一假定，图 10.13 显示了不同滑移角度下轮胎的纵向受力。该轮胎规格是 14.00R30，载荷 30kN，在软黏土壤中使用的充气压力为 345kPa。由此得到机动性数值为 2。

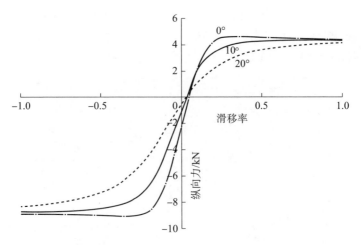

图 10.13　轮胎/土壤机动性数值 $N$ 取 2 时，不同滑移角度下轮胎的纵向力

采用相同的车辆模型，仅将硬质地面的轮胎力值用适当的松软土壤的数值进行了替换。阿克曼转向车辆以 7.5m 的半径实施转向，前轮的最大转角为 21°，滑移角较小，大约为 4°。

滑移转向车辆的转向半径可以小至 12m，但滑移率高达约 0.25，接近牵引力-滑移率曲线的峰值。假定最大铰接角度为 34°，铰接车辆转向半径可达 12.8m。图 10.14 展示了不同转向半径下外侧车轮的总牵引力。

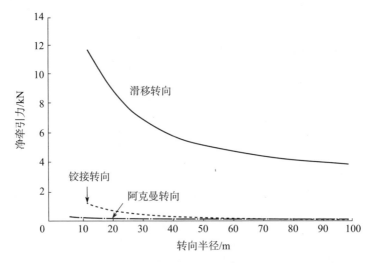

图 10.14　车辆在松软路面条件下以不同转向半径行驶时，外侧车轮的纵向总牵引力

# 参考文献

[1] Nuttall, C. J. (1964). Some notes on the steering of tracked vehicles by articulation. Journal *of Teramechanics*, 1 (1), 38-74.

[2] Hanamoto, B. (1969). Positive pitch control for multi-unit articulated vehicles. *Journal of Teramechanics*, 6 (2), 29-34.

[3] Kamm, I. O. and Beck, R. R. (1975). The performance of coupled M113 Armoured Personel Carriers. *Proceedings of the 5th International Conference of the Society for Terain Vehicle System*, Detroit.

[4] Holm, I. C. (1970). Articulated wheeled off-the-road vehicles. *Journal of Teramechanics*, 7 (1), 19-54.

# 第 11 章
# 车辆侧翻

## 11.1 基本考虑

轮式越野车辆,尤其是货运车辆,非常容易失稳翻车。而履带车辆因为重心通常比较低,而且比大部分轮式车辆要宽,因此不容易翻车。

然而,履带车辆在滑溜路面上易出现湿滑坠沟,或者往坡下打滑。如果驾车通过松软沙丘时往坡上转向,外侧履带容易打滑失去牵引力,于是就可能导致陷车或侧翻。轮式装甲车侧翻与车宽、车辆布置以及功能任务有关,比如车上安装了沉重的炮塔对侧翻有较大的影响。

车辆侧翻通常分为:

(1) 准稳态:转向引起的横向加速度过大和/或在侧倾坡上行驶导致的侧翻。

(2) 侧滑受阻引起的翻车:车辆失去控制发生侧滑,履带或车轮被台阶阻挡或滑入松软泥土使侧滑受阻而导致的侧翻。

(3) 动态失稳导致的翻车:即瞬态操纵所致的侧翻,例如以较高的车速驶入环岛、躲避障碍或变换车道时,转向操纵造成的翻车。

图 11.1 示意了车辆发生侧翻时受到的作用力。将车体视为刚体,悬挂装置和轮胎允许一定的变形。

以车轮的地面轨迹为中心,地面支撑力对刚性车体的力矩为

$$F_L h = 0.5 t (F_o - F_i) \tag{11.1}$$

式中:$F_L = W a_y$ 是在平坦地面上时,车辆重心处的横向受力;$F_o$、$F_i$ 分别是地面对弯道外侧和内侧车轮的垂向作用力;$W$ 是车辆重量;$t$ 是车轮轨迹的宽度;$h$ 是重心高度;$a_y$ 是横向加速度(单位为 g)。弯道内侧的车轮由于车辆

侧倾正好离开地面时，$F_i=0$，$F_o=W$，可得到

$$\frac{F_L}{W}=\frac{t}{2h} \tag{11.2}$$

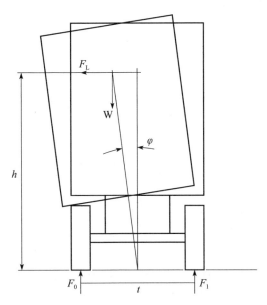

图 11.1　影响车辆侧翻的作用力和尺寸

这被称为静态横向翻车阈值（Static Rollover Threshold，SRT），也就是重心位置横向受力达到一定的车重比例就能导致翻车。

随着车辆倾斜，在轮胎和钢板弹簧（大多数货运车辆都使用钢板弹簧）横向弹性的容许范围内，可以假定车辆相对于水平地面发生侧倾，如图 11.1 所示，取地面车轮轨迹中心的力矩：

$$F_L h + W\varphi h = 0.5t\,(F_o - F_i) \tag{11.3}$$

式中：$\varphi$ 是车体侧倾角度，在弯道内侧的车轮正好离地时 $F_o=W$，得出新的公式：

$$\frac{F_L}{W}=\frac{t}{2h}-\varphi \tag{11.4}$$

可得出修正的 SRT。明显可以看出，只要车辆的行驶轨迹尽可能宽、重心尽可能低、悬挂刚度尽可能大，翻车的可能性就会减小。

引入各车轴的悬挂侧倾刚度、侧倾中心的高度、轮胎刚度以及轮胎静载荷，就得出更真实的 SRT，在 11.3.1 节将对这部分内容进行详尽论述。

侧倾平面试验是评估车辆 SRT 的最简单方法。图 11.2 显示了倾侧平面上一台处于侧翻临界点的车辆，此时：

$$\frac{F_L}{W} = \frac{W\sin\varphi}{W\cos\varphi} = \tan\varphi \tag{11.5}$$

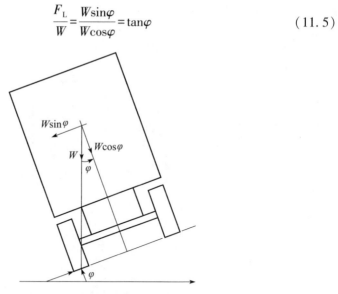

图 11.2　在侧倾平面上的车辆

因此，$\tan\varphi$ 是很好的 SRT 近似值，尽管车辆在侧倾坡上的翻车侧倾角会比水平地面上的小。例如，侧倾坡的角度为 30°时，$F_L$ 只有水平路面的一半。然而，Kemp et al.[1] 对 10 辆铰接车辆进行了侧倾试验，结果与测量的翻车横向加速度高度吻合，差值在 ±0.02g 以内，没有证据表明车辆在多方向机动（驶入或驶离环岛、S 弯道机动、躲避障碍）中侧倾会更严重。

对侧翻变化的全过程进行分析是比较复杂的，涉及从准静态到动态的各种问题。如果车辆处于水平面或近似水平面上，翻车的过程中会有车辆重心先升高的过程，因而需要给系统输入能量。对于重心较高的货运车辆，重心升高幅度较小；而对于 $t/h$ 比值更大的乘用车来说，重心升高就非常明显。针对翻车过程的分析开发了各种模型，例如 Mchenry[2]、Ford et al.[3]、Cooperrideret al.[4]。

## 11.2　降低翻车可能性的方法

### 11.2.1　告警系统

告警系统可以是外置型或内置型。外置系统探测驶近车辆的速度和尺寸，估测翻车的可能性。如果估值很高，就会向驾驶员发出告警信号提示其减速。

内置系统探测横向加速度，结合对车辆重心高度的估测，与车辆的 SRT 进行比较。如果探测到有可能翻车，驾驶员就会接到告警。这些方法是否已广泛使用、效果究竟如何，目前还不得而知。

### 11.2.2 电子稳定系统

电子稳定系统（ESPs）使用防抱死制动系统的元件。系统感知转向轮角度和车速，对比车辆的横摆角速度和/或横向加速度。如果计算出足够大差值，防抱死制动系统就会对个别车轮实施制动，并给车辆提供一个稳定横摆力矩。采用车辆速度传感器、角速度传感器和横向加速度传感器，加上对车辆重心高度的假定，系统可以用于防止翻车。当探测到有翻车的可能性时，系统降低发动机功率输出，并实施制动。该系统还可通过监测车轮转速异常，来探测车轮失去载荷和翻车的可能性。在 11.3.1 节还将提到，通过调整个别车轴的侧倾刚度，系统的有效性还可以得到提升。

### 11.2.3 主动防倾杆

主动防倾杆的用途是在车辆有侧倾趋势时，使侧倾角最小化，并让车辆重心产生横向位移。车辆制造过程中也可以采取抗翻措施。剑桥大学工程系在运用主动防倾杆提升车辆操控性能、降低翻车风险方面，做了大量理论性和实践性工作。

### 11.2.4 驾驶员训练

最终还必须要记住，驾驶员的训练、经验和技能可能是减少翻车事故的最重要因素，尤其是在越野驾驶的时候。

## 11.3 卡车翻车：案例分析

一辆正在崎岖环形跑道上开展可靠性与耐久性试验的 DROPS 卡车在弯道处发生了侧翻。驾驶员虽然受到磕碰，但受伤不严重。此前的跑圈试验中，驾驶员已经多次经过这个弯道了。他说并没觉得这圈速度更快，翻车完全出乎意料，没有任何挽救的机会。

于是决定实施一项小试验来确定驾驶员在崎岖路面和普通路面驾车时的横向加速度。给一辆 DROPS 卡车加了压舱配重，以降低重心、减小翻车风险。该卡车在发生翻车事故的那条崎岖环形跑道上行驶，由那位当事驾驶员和其他驾驶员操纵，并且要求这些驾驶员采用他们正常驾驶时的车速。

图 11.3 给出了 7.5min 内车辆横向加速度和车速值，有两处横向加速度峰值达到 $0.45g$。这就与可能引起满载状态的 DROPS 卡车发生侧翻的横向加速

度 0.46g 接近了，0.46g 是由静态侧倾角 24.5°得出来的。图中还显示有 7s 保持在 0.3g。驾驶员达到的最大车速约为 75km/h，但横向加速度却相对较低。当车速在 25~30km/h 这个相对较低的范围内时，更可能出现较高的横向加速度。在转向试验台上，即便横向加速度达到极限值 0.6g，这辆重心较低的卡车始终呈现转向不足状态。

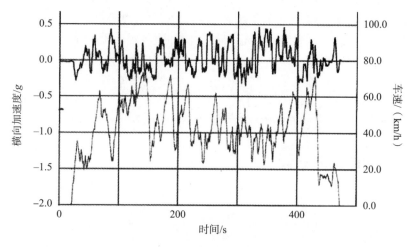

图 11.3　DROPS 卡车在崎岖的试验跑道上行驶时的横向加速度
（资料来源：经英国国防部许可）

### 11.3.1　侧翻角计算

DROPS 卡车的侧翻角可以用车辆尺寸来计算——包括轮距、重心高度、侧倾中心、悬挂和轮胎刚度——这就能计算出各轴的侧倾刚度。这些数据可以输入电子表格，在重心位置施加不同的横向载荷，计算出轮胎的载荷。如果某车轴的内侧车轮抬升离地了，整体的侧倾刚性就减小了。当阻力矩与侧翻力矩相等，车辆就处于翻车临界点。DROPS 卡车不寻常之处在于后悬挂提供了整体侧倾刚性的 90%。经过计算，在翻车临界点上，重心横向受力是车重的 0.44 倍，相当于侧倾 23.8°，这与测量值 24.5°相当接近（图 11.4），存在的误差可能是因为重心高度是估算的，而不是实际测量的。

通过使用防侧倾杆增大前两轴的侧倾刚度，DROPS 卡车的翻车临界点可以得到显著改善。如果前两轴侧倾刚度增大到能让所有内侧车轮同时抬升离地，横向加速度就能增加到刚好超过 0.54g，相当于 28.5°的侧倾。或者，如果前驱动轴的侧倾刚度增大，使该轴的内侧车轮首先失去载荷，也就是横向加速度为 0.45g 时，如果所有的锁止式差速器均没有处于锁止状态，车辆就会整体失去驱动力，车速就会慢下来（图 11.5）。如前所述，如果采用 ESP（电子稳定程序）系统，探测车轮转速的增加，自动减小发动机功率输出并启动制动系统，效果就会进一步提升。如果车辆处于超速或制动状态，该系统也会产生较好的效果。

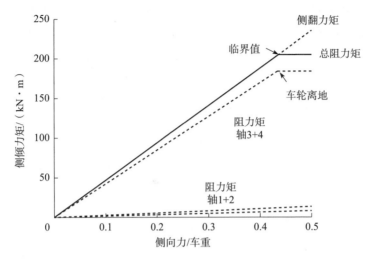

图 11.4 DROPS 卡车侧倾力矩关于侧向力/车重的比例函数关系

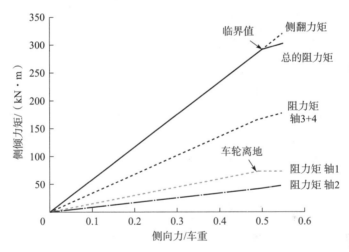

图 11.5 前两轴的侧倾刚度增大后，DROPS 卡车侧倾力矩关于侧向力/车重的比例函数关系

如果主动防倾杆调整到完全抑制侧倾，使车轮离地的横向加速度增大至刚好超过 0.64g（相当于侧倾将近 33°）。因此，给所有车轴都安装主动防倾杆以获得最大效用是有必要的。或者，在前后轴对之间安装某种形式的平衡连杆机构，只需要安装两个防倾杆就足够了。

# 参考文献

[1] Kemp, R. N. Chinn, B. P. and Brock, G. (1978). Articulated vehicle roll stability: methods of assessment and effects of vehicle characteristics. TRRL Laboratory Report 788.

[2] McHenry, R. R. (1976). Speed estimates in vehicle rollovers. Calspan Report No. ZQ-5639-V-1.

[3] Ford, J. E. and Thompson, J. E. (1969). Vehicle Rollover Dynamics Prediction by Mathematical Model. SAE Paper 690804.

[4] Cooperider, N. K. Thomas, T. M. and Hammoud, S. A. (1990) Testing and Analysis of Vehicle Rollover Behaviour. SAE Paper 900366.

[5] Sampson, D. J. M. and Cebon, D. (2003). Achievable roll stability of heavy road vehicles. *Proceedings of the Institute of Mechanical Engineers*, 217 (J), 269-287.

# 符号说明

**第 1 章**

| | |
|---|---|
| $C_p$ | 俯仰阻尼系数 |
| $C_{pc}$ | 临界俯仰阻尼系数 |
| $C_w$ | 每个车轮（负重轮）的阻尼系数 |
| $C_{wc}$ | 每个车轮（负重轮）的临界俯仰阻尼系数 |
| $I_p$ | 俯仰转动惯量 |
| $\omega_{pn}$ | 俯仰固有频率 |

**第 2 章**

| | |
|---|---|
| $C_R$ | 滚动阻力系数 |
| $C_T$ | （净）牵引力系数 |
| $D$ | 履带板销耳直径 |
| $F_{ct}$ | 离心张力 |
| $F_T$ | （净）牵引力 |
| $G$ | 橡胶剪切模量 |
| $K_b$ | 履带销孔衬套直径比（$D/d$） |
| $M$ | 橡胶硬度（IRHD） |
| $M_e$ | 车辆等效质量 |
| $R$ | 滚动阻力 |
| $R_d$ | 减速滚动阻力 |
| $T$ | 橡胶温度（单位为℃） |
| $T_s$ | 主动轮扭矩 |
| $V$ | 车速 |
| $V_t$ | 履带速度（车速） |
| $W$ | 车轮（负重轮）垂向载荷、车辆重量 |
| $a$ | 减速度（单位为 m/s²） |
| $b$ | 橡胶轮胎（负重轮胶层）宽度 |
| $d$ | 履带衬套内孔直径 |
| $d_{sw}$ | 主动轮支撑轮直径 |
| $e$ | 履带销中心至履带滚道面的高度 |
| $f$ | 形状因数 |

| | |
|---|---|
| $f_b$ | 履带衬套的承压应力 |
| $h$ | 轮胎橡胶（负重轮胶层）的截面高度 |
| $h_p$ | 履带橡胶滚道面的有效横截面高度（即履带内滚道的敷胶厚度） |
| $h_w$ | 橡胶轮胎（负重轮胶层）的有效横截面高度 |
| $m$ | 履带的单位长度重量 |
| $n$ | 主动轮齿数 |
| $p$ | 履带节距 |
| $r$ | 轮胎（负重轮）外半径 |
| $r_{ep}$ | 车轮（负重轮）的有效半径 |
| $r_{ew}$ | 履带敷胶滚道面的有效半径 |
| $t$ | 柔性履带加强带与履带内表面之间的距离 |
| $\delta$ | 橡胶的耗损角 |
| $\varepsilon_s$ | 橡胶衬套的剪切应变 |
| $\phi$ | 衬套的剪切角 |
| $\omega$ | 主动轮的角速度（单位为 rad/s） |

## 第 3 章

| | |
|---|---|
| $a_w$ | 频率加权加速度 |
| $a_{wrms}$ | 频率加权加速度均方根值 |
| $a_{wrmq}$ | 频率加权加速度四分之一次方根值 |
| $a_x$ | 车辆纵向减速度（单位为 g） |
| $C$ | 悬挂阻尼系数 |
| $F$ | 坐垫垂向力 |
| $F_b$ | 制动力 |
| $F_i$ | 从主动轮至诱导轮再至地面这一段的履带受力 |
| $F_s$ | 从主动轮至地面这一段的履带受力 |
| $F_T$ | 履带张力 |
| $F_{WT}$ | 载荷转移力 |
| $f$ | 频率 |
| $G$ | 路面粗糙度系数 |
| $G_{LR}(n)^2$ | 两侧轮迹的路面起伏互功率谱 |
| $G_L(n)$ | 左侧轮迹的路面起伏功率谱 |
| $G_R(n)$ | 右侧轮迹的路面起伏功率谱 |
| $H$ | 重心高度 |
| $K_a$ | 车轴悬挂刚度 |
| $K_h$ | 垂向刚度 |

# 符号说明

| | |
|---|---|
| $K_p$ | 俯仰刚度 |
| $k_s$ | 悬挂弹簧刚度 |
| $k_u$ | 轮胎弹性刚度 |
| $l$ | 车辆轴距 |
| $m_s$ | 簧载质量 |
| $m_u$ | 非簧载质量 |
| $N$ | 波数（周期数/米） |
| $P$ | $S(n)$ 功率谱双对数图斜率 |
| $r_s$ | 簧载质量的频率比（频率/固有频率） |
| $r_u$ | 非簧载质量的频率比（频率/固有频率） |
| $S(n)$ | 波数（周期数/米）形式的功率谱密度 |
| $S(f)$ | 频率形式的功率谱密度 |
| $T$ | 暴露时间 |
| $V$ | 座垫垂向速度 |
| $V$ | 车辆前进速度 |
| $w$ | 路面波长 |
| $z_g$ | 路面起伏高程 |
| $z_s$ | 簧载质量位移 |
| $z_u$ | 非簧载质量位移 |
| $\alpha_a$ | 接近角 |
| $\alpha_d$ | 离去角 |
| $\zeta$ | 相对阻尼系数 |
| $\theta$ | 俯仰角 |
| $\mu$ | 质量比（非簧载质量/簧载质量） |
| $\omega_s$ | 簧载质量固有频率（单位为 rad/s） |
| $\omega_u$ | 非簧载质量固有频率（单位为 rad/s） |

## 第 4 章

| | |
|---|---|
| $K_B$ | 车辆主悬挂的弹簧刚度 |
| $K_M$ | 液压滑阀控制模型的弹簧刚度 |
| $M_B$ | 车体质量 |
| $M_M$ | 液压滑阀控制模型的簧载质量 |
| $C_B$ | 车辆主悬挂的阻尼系数 |
| $C_M$ | 液压滑阀控制模型的阻尼系数 |

## 第 5 章

| | |
|---|---|
| $A$ | 空气弹簧活塞面积 |
| $f_n$ | 固有频率 |

| $n$ | 多方指数 |
| --- | --- |
| $K_a$ | 空气弹簧刚度 |
| $K_h$ | 车辆悬挂垂向刚度 |
| $K_w$ | 扭转刚度 |
| $K_1$ | 俯仰互连式悬挂作用于车体的弹簧刚度 |
| $K_2$ | 俯仰互连式悬挂作用于车轮的弹簧刚度 |
| $K_{\phi F}$ | 前轴悬挂侧倾刚度 |
| $K_{\phi R}$ | 后轴悬挂侧倾刚度 |
| $V$ | 空气弹簧气体体积 |

第 6 章

| $C_{cr}$ | 临界阻尼系数 |
| --- | --- |
| $C_{eq}$ | 等效阻尼系数 |
| $k$ | 弹簧刚度 |
| $m$ | 簧载质量 |
| $X$ | 振动幅度 |
| $\mu$ | 摩擦系数 |
| $\omega$ | 振动频率（单位为 rad/s） |

第 7 章

| $a$ | 履带 X 方向的履带板长度 |
| --- | --- |
| $A$ | 履带板面积 |
| $A_s$、$B_s$、$C_s$、$D_s$ | 双差速器中的轴（图 7.4） |
| $B$、$C$、$D$、$E$ | 魔术公式的主要参数 |
| $\bar{B}$、$\bar{C}$、$\bar{D}$、$\bar{E}$ | 魔术公式中的归一化参数 |
| $C_a$、$C_s$ | 横向和纵向的力-滑动刚度 |
| $C_{fx}$、$C_{fy}$ | 轮胎的纵向和横向滑动刚度 |
| $CF$ | 离心力 |
| $CF_x$、$CF_y$ | 离心力的纵向和横向分量 |
| $CG$ | 重心 |
| $c$ | 履带中心距的一半 |
| $d$ | 主动轮/诱导轮中心与轴距中心的水平距离 |
| $F_{Df}$、$F_{Dr}$ | 转向外侧前、后下支履带的张力 |
| $F_{Bf}$、$F_{Br}$ | 转向内侧前、后下支履带的张力 |
| $F_{pt}$ | 履带预张紧力 |
| $\sum F_{xo}$，$F_D$ | 转向外侧（驱动侧）履带的纵向力之和 |
| $\sum F_{xi}$，$F_B$ | 转向内侧（制动侧）履带的纵向力之和 |
| $\sum F_{yo}$，$\sum F_{yi}$ | 转向外侧和转向内侧履带的侧向力之和 |

# 符号说明

| | |
|---|---|
| $\sum F_{y1}$、$\sum F_{y2}$ | 第1、2轴的侧向力之和 |
| $F_x$、$F_y$ | 履带/轮胎的纵向和侧向力 |
| $F_{x,\max}$、$F_{y,\max}$ | 轮胎的纵向和侧向力峰值 |
| $F_r$ | 轮胎的滚动阻力履带挂胶的切向受力 |
| $F_s$ | 归一化的总滑移力 |
| $F_{zs}$ | 在车轮(负重轮)/履带板的垂向静载荷 |
| $F_{zr}$、$F_{zp}$ | 侧倾和俯仰力矩导致的履带板垂向载荷 |
| $F_{zt}$ | 履带受力垂向成分导致的履带板垂向载荷 |
| $G$ | 履带板橡胶的剪切模量 |
| $h$ | 重心至地面的高度 |
| $k$ | 履带纵向刚度比(主动轮至地面段/主动轮绕诱导轮至地面段) |
| $K_s$ | 履带板的剪切刚度 |
| $l$ | 轴距的一半 |
| $M_p$、$M_r$ | 俯仰和侧倾力矩 |
| $P_p$ | 枢转或中心转向的功率 |
| $P_o$、$P_i$ | 外、内侧驱动轴的功率 |
| $P_d$ | 驱动功率 |
| $P_s$ | 转向功率 |
| $P_{nt}$ | 总净功率 |
| $R$ | 重心处的转向半径 |
| $r_e$ | 主动轮的有效半径 |
| $s_c$ | 总滑移率 |
| $s_y$ | 横向滑移率 |
| $s_{xt}$、$s_{xb}$ | 牵引和制动方向的纵向滑移率 |
| $t$ | 履带板的挂胶厚度 |
| $T_o$、$T_i$、$T_d$、$T_s$ | 外、内、驱动、转向轴的扭矩 |
| $x_1$、$x_2$ | 重心至第1、2轴的距离 |
| $x_m$ | 魔术公式中最大作用力下的滑移率 |
| $v$ | 轮胎的外缘周向速度 |
| $y_a$ | 魔术公式中滑移率最大时的作用力 |
| $v_t$ | 履带相对于负重轮中心的速度 |
| $v_x$ | 负重轮/车轮中心的纵向速度 |
| $v_o$、$v_i$ | (转向时)外侧和内侧车轮中心的轨迹速度(即转向外、内侧履带的速度) |
| $\Delta v$ | (转向时)内侧和外侧车轮的速度差 |

| | |
|---|---|
| $V$ | 车辆重心的速度 |
| $X$ | 魔术公式中的滑移角或纵向滑移 |
| $\beta$ | 车辆重心处的侧滑角 |
| $\gamma_f$、$\gamma_r$ | 车辆前、后的履带角度（主动轮/诱导轮至负重轮和地面的正切值） |
| $\bar{\alpha}$、$\bar{\kappa}$、$\bar{\lambda}$ | 归一化的滑移参数 |
| $\delta$ | 前轮转向角 |
| $\kappa$、$\kappa_b$、$\kappa_t$ | 牵引方向的滑移率/轮胎纵向滑移率 |
| $\lambda$ | 总滑移率 |
| $\omega_p$ | 枢转或中心转向的车辆角速度 |
| $\Omega_o$、$\Omega_i$、$\Omega_d$、$\Omega_s$ | 外侧、内侧、驱动、转向轴的转速（图7.1和图7.4） |

**第8章**

| | |
|---|---|
| $b$ | 轮胎/履带宽度 |
| $B$、$C$、$D$、$E$ | 魔术公式中的主要参数 |
| $c_t$ | 三轴试验的黏聚力 |
| $C_G$ | 总牵引系数 |
| $C_R$ | 滚动阻力系数 |
| $C_T$ | 净牵引系数 |
| $C_{T20}$ | 滑移量20%时的净牵引系数 |
| $C_{TP}$ | 峰值牵引系数 |
| $CI$ | 圆锥指数 |
| $d$ | 轮胎直径 |
| $F_G$ | 总牵引力 |
| $F_R$ | 滚动阻力 |
| $F_T$ | 净牵引力 |
| $h$ | 轮胎截面高度（轮胎在充气但无载荷时车轮轮辋边缘至胎面的截面高度） |
| $N_C$ | 黏土的"轮胎-土壤"无量纲机动性数值 |
| $N_M$ | 黏土的"轮胎-土壤"无量纲机动性数值（不含$h$项） |
| $N_{MS}$ | 轮胎小变形时的"轮胎-土壤"无量纲机动性数值 |
| $N_{RR}$ | 黏土路面的滚动阻力 |
| $N_{GT}$ | 黏土路面上的总牵引力 |
| $N_S$ | 美国陆军水道试验站（WES）用于表征沙土的无量纲机动性数值 |
| $N_{SN}$ | 北约参考机动模型（NRMM）用于表征沙土的无量纲机动性数值 |

| 符号 | 说明 |
|---|---|
| $N_T$ | 履带车辆在黏土路面上行驶时的无量纲机动性数值 |
| $N_{TS}$ | 履带车辆在沙土路面上行驶时的无量纲机动性数值 |
| $r_e$ | 轮胎有效滚动半径 |
| $r_s$ | 轮胎的静载半径,车轮中心至地面的高度 |
| $r_r$ | 轮胎在硬质地面自由滚动时的滚动半径 |
| $R$ | 轮胎在地面的法向反作用力 |
| $s$ | (纵向)滑移率 |
| $s_v$ | 简单剪切叶片装置测试的剪切应力 |
| $S_H, S_V$ | 魔术公式中的水平和垂向偏移量 |
| $T$ | 输入扭矩 |
| $V$ | 车轮的前进速度 |
| $W$ | 车轮的垂向载荷 |
| $x, X$ | 魔术公式中的滑移率参数 |
| $x_m$ | 魔术公式中在峰值受力时的滑移率 |
| $y, Y$ | 魔术公式中的受力参数 |
| $\delta$ | 在硬质路面的轮胎变形量 |
| $\omega$ | 车轮的角速度 |

## 第9章

| 符号 | 说明 |
|---|---|
| $F_D$ | 差速器中的等效传递力 |
| $F_G$ | 总牵引力 |
| $F_{GF}$ | 高速侧(转向外侧)车轮的总牵引力 |
| $F_{GFD}$ | 依据给定的差速器传递力,高速侧(转向外侧)车轮的总牵引力 |
| $F_{GFM}$ | 依据给定的魔术公式,高速侧(转向外侧)车轮的总牵引力 |
| $F_{GS}$ | 低速侧(转向内侧)车轮的总牵引力 |
| $F_I$ | 差速器的等效输入力 |
| $F_R$ | 滚动阻力 |
| $F_T$ | 净牵引力 |
| $F_{TF}$ | 高速侧(转向外侧)车轮的净牵引力 |
| $F_{TS}$ | 低速侧(转向内侧)车轮的净牵引力 |
| $K_d$ | 比例载荷差速器的传递率(锁紧比) |
| $P_i$ | 差速器的输入功率 |
| $P_D$ | 差速"离合器"中的功率耗散 |
| $P_o$ | 车辆的输出功率 |
| $r_e$ | 有效滚动半径 |

| | |
|---|---|
| $s$ | 滑移率 |
| $s_F$ | 高速侧（转向外侧）车轮的滑移率 |
| $s_S$ | 低速侧（转向内侧）车轮的滑移率 |
| $T_D$ | 差速器（离合器）的传输扭矩 |
| $T_F$ | 高速侧（转向外侧）车轮的扭矩输入 |
| $T_I$ | 差速器的扭矩输入 |
| $T_S$ | 低速侧（转向内侧）车轮的扭矩输入 |
| $T_W$ | 车轮的扭矩输入 |
| $v_F$ | 高速侧（转向外侧）车轮的外缘速度 |
| $v_i$ | 差速器的等效输入速度 |
| $v_S$ | 低速侧（转向内侧）车轮的外缘速度 |
| $v_t$ | 轮胎的外缘速度 |
| $V_V$ | 车轮或车辆的前进速度 |
| $W$ | 轮胎的垂向载荷 |
| $\omega_F$ | 高速侧（转向外侧）车轮的转速 |
| $\omega_i$ | 差速器输入轴的转速 |
| $\omega_S$ | 低速侧（转向内侧）车轮的转速 |
| $\omega_w$ | 车轮的转速 |

## 第 11 章

| | |
|---|---|
| $a_y$ | 横向加速度（单位为 $g$） |
| $F_i$ | 弯道内侧车轮的垂向作用力 |
| $F_L$ | 重心处的侧向受力 |
| $F_o$ | 弯道外侧车轮的垂向作用力 |
| $h$ | 重心高度 |
| $t$ | 车辆轮迹宽（轮距） |
| $\varphi$ | 车体侧倾角度 |

# 名词术语表

| 英文缩写 | 英文全称 | 中文术语 |
|---|---|---|
| AP | absorbed power, automotive products | 功率吸收，汽车产品 |
| APC | armoured personnel carrier | 装甲输送车 |
| ASAARL | US army aeromedical research laboratory | 美国陆军航空医学研究实验室 |
| ASCOD | Austrian Spanish cooperation development | 澳大利亚-西班牙合作研发 |
| ATZ | automobiltechnische zeitschrift | 汽车技术杂志 |
| BS | British standard | 英国标准 |
| CAD | computer-aided design | 计算机辅助设计 |
| CG | centre of gravity | 重心 |
| CI | cone index | 圆锥指数 |
| DBP | drawbar pull | 牵引杆拉力 |
| DERA | defence evaluation and research agency | 防务评估研究局 |
| DROPS | demountable rack offload and pickup system | 可拆卸装载架 |
| ERDC | engineer research and development centre | 工程研究发展中心 |
| ESP | electronic stability programme | 电子稳定控制系统 |
| FEM | finite-element modelling | 有限元建模 |
| GDELS | general dynamics european land systems | 通用动力公司欧洲地面系统公司 |
| GVW | gross vehicle weight | 车辆全重 |
| IED | improvised explosive device | 临时爆炸物 |
| IFV | infantry fighting vehicle | 步兵战车 |
| IRHD | international rubber hardness degree | 国际橡胶硬度 |
| ISO | international standards organisation | 国际标准化组织 |
| ISTVS | international society for terrain-vehicle systems | 国际地面车辆系统学会 |
| KMW | krauss maffei wegmann | 德国克劳斯·玛菲-韦格曼公司（KMW），欧洲最大的地面战斗车辆研制和生产商 |
| MBT | main battle tank | 主战坦克 |
| MI | mobility index | 机动性指标 |
| MMP | mean maximum pressure | 平均最大压力 |

续表

| 英文缩写 | 英文全称 | 中文术语 |
|---|---|---|
| NATO | North Atlantic treaty organisation | 北大西洋公约组织（简称"北约"） |
| NRMM | NATO reference mobility model | 北约参考机动模型 |
| PCD | pitch circle diameter | 节圆直径 |
| PSD | power spectral density | 功率谱密度 |
| RCI | rating cone index | 额定圆锥指数 |
| RI | remoulding index | 重塑指数 |
| RMQ | root mean quad | 四分之一方根均值 |
| RMS | root mean square | 均方根值 |
| SRT | static rollover threshold | 静态横翻临界值 |
| TACOM | tank automotive and armaments command | 坦克机动车辆司令部 |
| TARDEC | tank automotive research, development and engineering centre | 坦克机动车辆研究与发展工程中心 |
| VCI | vehicle cone index | 车辆圆锥指数 |
| VDV | vibration dose value | 振动剂量值 |
| VLCI | vehicle limiting cone index | 车辆极限圆锥指数 |
| WBV | whole-body vibration | 全身振动 |
| WES | waterways experiment station (now ERDC) | 美国陆军水道试验站 |

# 参考书目

1. Gillespie, T. D. (1992). *Fundamentals of Vehicle Dynamics*. Society of Automotive Engineers.
2. Wong, J. Y. (2001). *Theory of Ground Vehicles*. John Wiley and Sons.
3. Pacejka, H. B. (2002). *Tyre and Vehicle Dynamics*. Elsevier Butterworth-Heinemann.
4. Mastinu, G. and Ploechl, M. (eds) (2014). *Road and Off-Road System Dynamics*. CRC Press, Taylor and Francis Group.
5. Reif, K. R. (ed.) (2014). *Automotive Handbook*. Bosch GmbH.
6. Milliken, W. F. and Milliken, D. L. (1995). *Race Car Vehicle Dynamics*. Society of Automotive Engineers.
7. Ogorkiewicz, R. M. (1968). *Design and Development of Fighting Vehicles*. Macdonald & Co. Ltd.
8. Ogorkiewicz, R. M. (2015). *Tanks, 100 Years of Evolution*. Osprey Publishing.
9. Heißing, B. and Ersoy, M. (2011). *Chassis Handbook*. Vieweg + Teubner.
10. Griffin, M. J. (1990). *Handbook of Human Vibration*. Academic Press.
11. Bekker, M. G. (1969). *Introduction to Terrain-Vehicle Systems*. The University of Michigan Press.